もくじと学しゅうのきろく

本書に関する最新情報は，当社ホームページにある**本書の「サポート情報」**をご覧ください。（開設していない場合もございます。）

こたえ▶べっさつ1ページ

1 10までの　かず

標準クラス

1 いくつですか。すうじで　かきましょう。

(1)

(2)

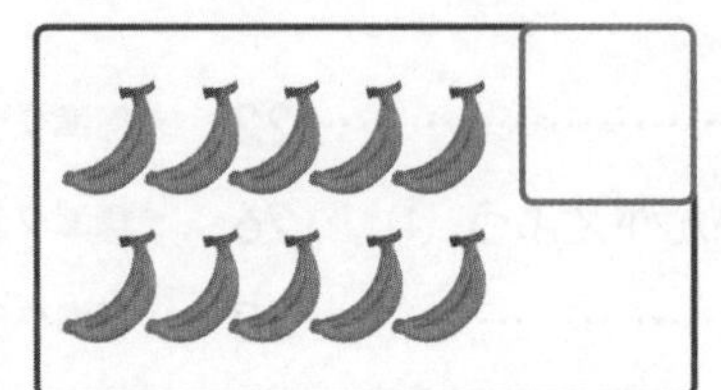

(3)

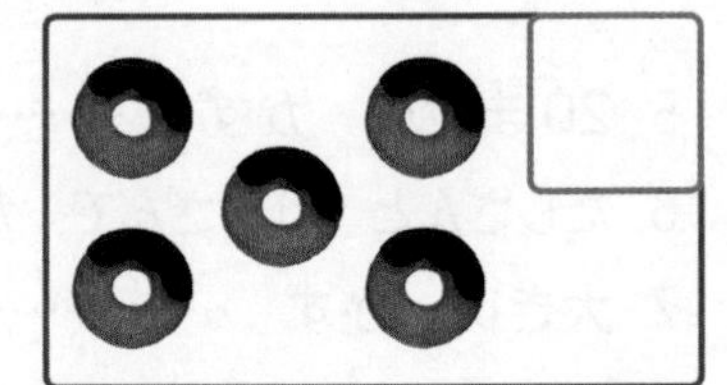

(4)

(5)

(6)

2 えの　かずだけ　○に　いろを　ぬりましょう。□の　なかには，かずを　すうじで　かきましょう。

(1)

(2)

(3)

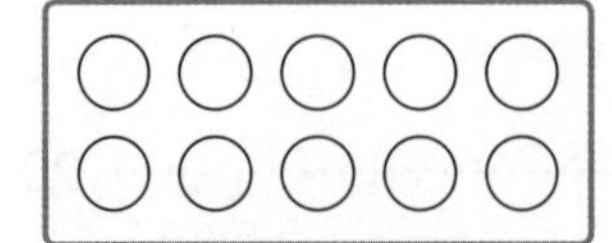

3 すうじで　かきましょう。

(1) さん　(　　)

(2) ろく　(　　)

(3) に　(　　)

(4) ご　(　　)

(5) はち　(　　)

(6) じゅう　(　　)

4 □に　あてはまる　すうじを　かきましょう。

(1) 7の　つぎの　かずは　□です。

(2) 10の　2つ　まえの　かずは　□です。

5 □に　あてはまる　かずを　かきましょう。

(1) 0 ― 1 ― □ ― □ ― 4

(2) 5 ― □ ― 7 ― □ ― 9

(3) 10 ― □ ― 8 ― 7 ― □

(4) 6 ― 7 ― □ ― □ ― 10

(5) 4 ― 3 ― □ ― □ ― 0

1 10までの かず

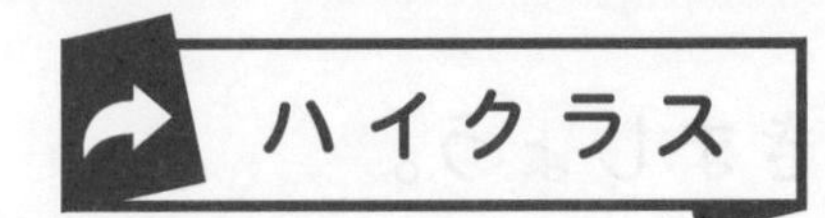

こたえ▶べっさつ1ページ

じかん 25ふん	とくてん
ごうかく 80てん	てん

1 きんぎょすくいを　しました。もんだいに　こたえましょう。

(1) すくった　きんぎょの　かずを　すうじで　かきましょう。(15てん/1つ5てん)

はるか　(　　)ひき　だいき　(　　)ひき　あやか　(　　)ひき

(2) いちばん　すくないのは　だれですか。(5てん)

(　　　　)さん

(3) はるかさんと　だいきさんとでは，どちらが　なんびき　おおいですか。(5てん)

(　　　　)さんが　(　　)びき　おおい。

2 どの　かずが　いちばん　おおきいですか。いちばん　おおきい　ものに　◯を　つけましょう。(15てん/1つ5てん)

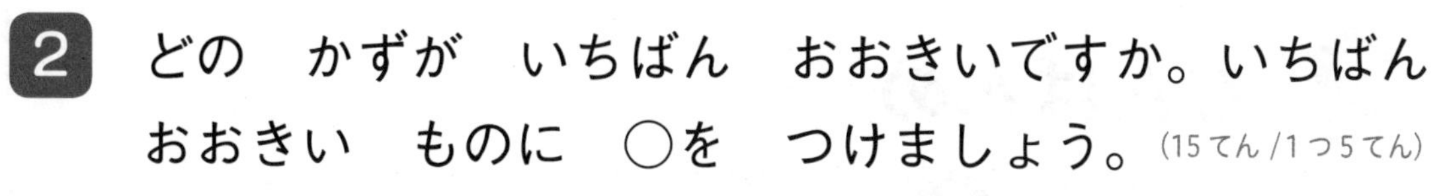

(1)　　(2)　　(3)

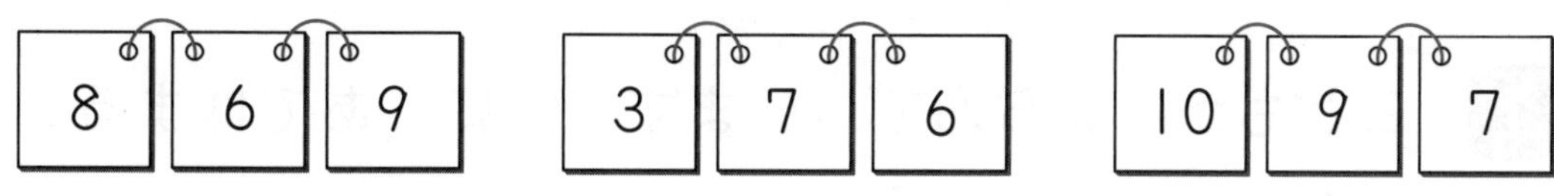

3 2つの　かずの　ちがいを　かきましょう。(30てん/1つ5てん)

(1)

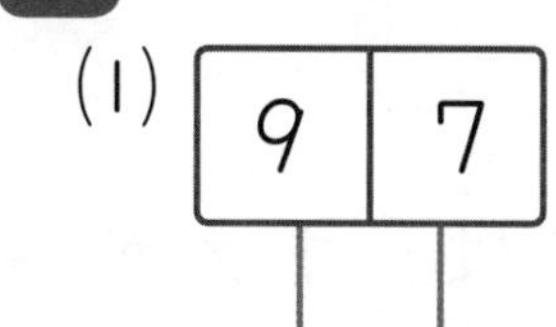

(2)

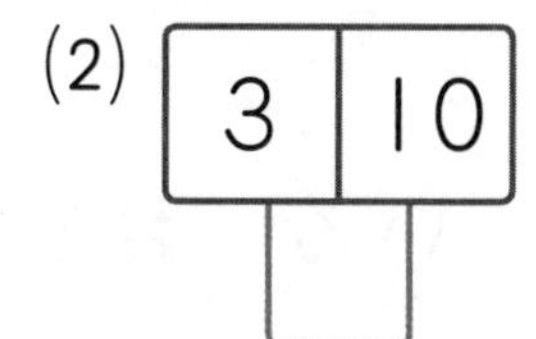

(3)

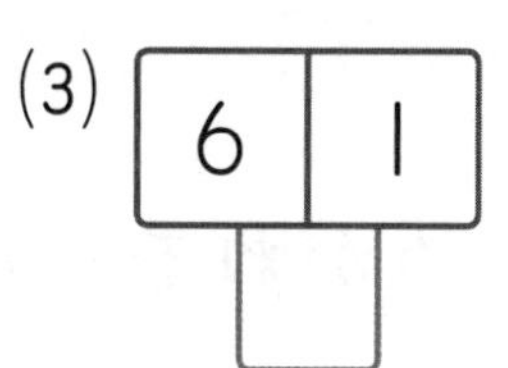

(4)

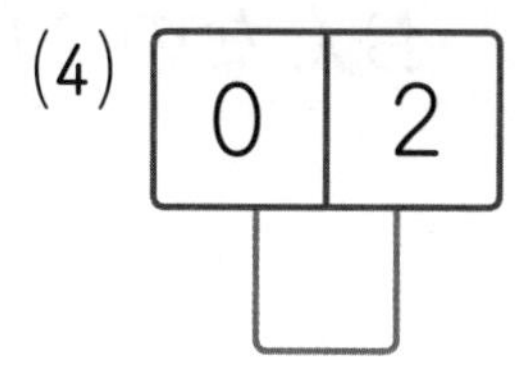

(5)

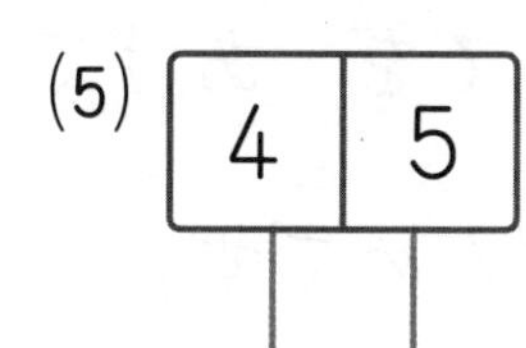

(6) | 8 | 9 |

4 □に　あてはまる　かずを　かきましょう。

(30てん/□1つ5てん)

(1) 1 — □ — 5 — 7 — □

(2) 0 — □ — □ — 6 — 8

(3) 10 — □ — 6 — □ — 2

こたえ▶べっさつ2ページ

2 なんばんめ

標準クラス

1 こどもが　ならんで　います。□に　あてはまる　すうじを　かきましょう。

めがねを　かけて　いる　おとこのこは　まえから　□ばんめ，りょうてを　あげて　いる　おんなのこは　うしろから　□ばんめです。

ぼうしを　かぶって　いる　おとこのこは　まえから　□ばんめで，うしろから　□ばんめです。

2 4ばんめに　おおきい　かずに　○を　つけましょう。

(1) 9　7　4　8　2　0　6

(2) 5　2　6　3　9　1　0

3 ゆかさんの　かさは　みぎから　7ばんめ，ひろとさんの　かさは　ひだりから　4ばんめです。

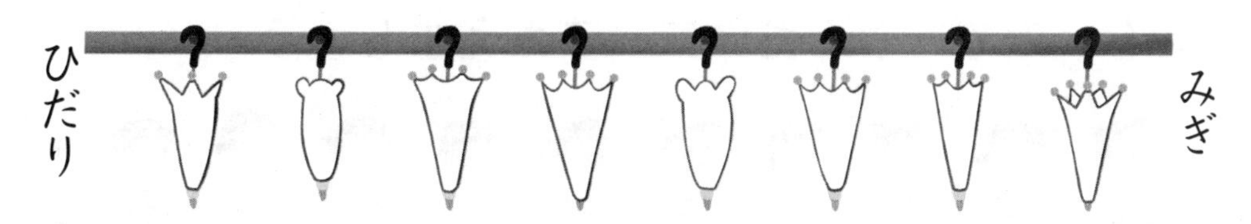

(1) ゆかさんの　かさに　○，ひろとさんの　かさに　×を　つけましょう。

(2) ひだりから　5ほんが　2くみの　かさです。いろを　ぬりましょう。

4 とりが　きに　とまって　います。

(1) からすは　うえから（　　）ばんめです。

(2) からすは　したから（　　）ばんめです。

(3) にわとりの　うえに（　　）わ　います。

(4) ふくろうの　したに（　　）わ　います。

(5) はとと　にわとりの　あいだに（　　）わ　います。

5 かくれて　いるのは，なんばんめと　なんばんめですか。すうじを　かきましょう。

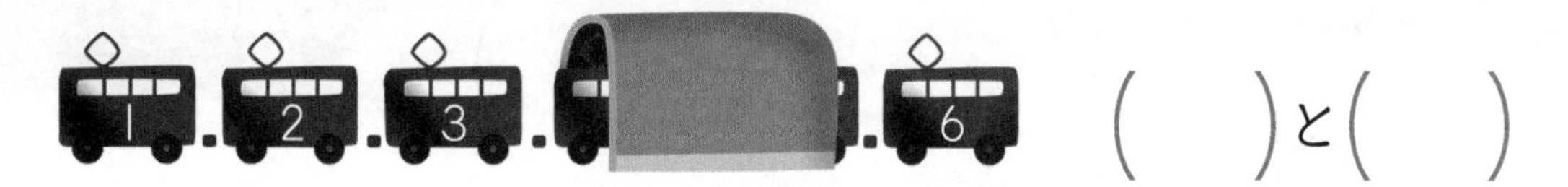

（　　）と（　　）

こたえ▶べっさつ2ページ

じかん 25ふん	とくてん
ごうかく 80てん	てん

2 なんばんめ ハイクラス

1 えを みて もんだいに こたえましょう。(28てん/1つ7てん)

(1) おさむさんは まえから 3ばんめです。おさむさんに ○を つけましょう。

(2) くみこさんは うしろから 4ばんめです。くみこさんに ×を つけましょう。

(3) くみこさんの まえに なんにん いますか。

( )

(4) おさむさんと くみこさんの あいだに なんにん いますか。

( )

2 えを みて もんだいに こたえましょう。

(1) りすは うえから ( )ばんめ です。(6てん)

(2) ねこの したには ( )ひき います。(6てん)

(3) うえから 3びきの どうぶつは ( )( )( ) です。(18てん/1つ6てん)

3 えを　みて　こたえましょう。

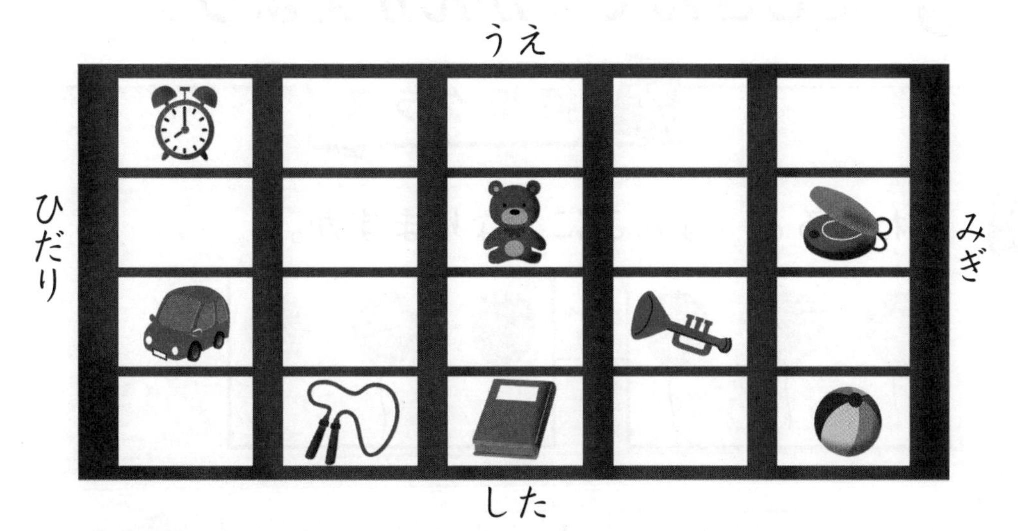

(1) ほんが　ある　ばしょは　うえから

(　　　　)だんめ，ひだりから(　　　　)ばんめです。

(10てん)

(2) ラッパが　ある　ばしょを　あらわしましょう。

(12てん)

(　　　　　　　　　　　　　　　　　　)

4 9にんで　こうしんを　して　います。はるとさんの　うしろに　5にん　います。(20てん/1つ10てん)

(1) はるとさんの　まえに　なんにん　いますか。

(　　　　)

(2) はるとさんは　まえから　なんばんめですか。

(　　　　)

こたえ▶べっさつ3ページ

3 たしざんで　かんがえよう

標準クラス

1 あわせると　なんこに　なりますか。

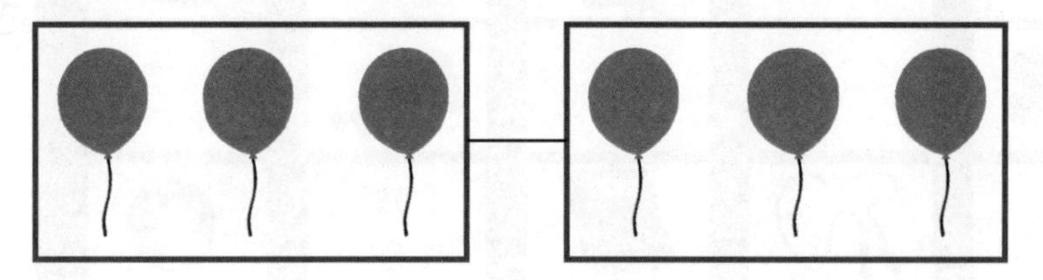

（しき）□＋□＝□　　こたえ（　　　　）

2 ふえると　いくつに　なりますか。

(1)

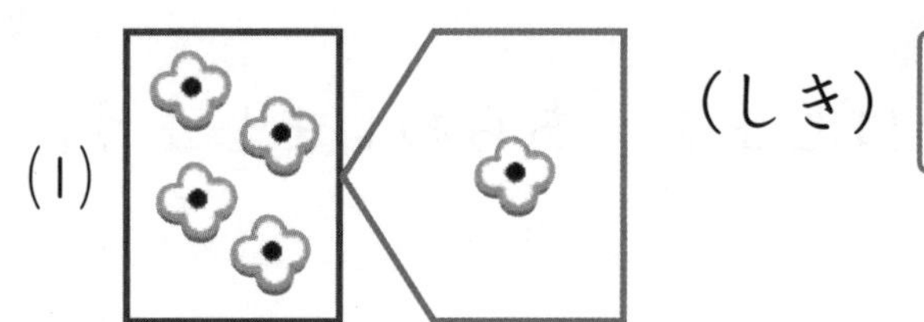

（しき）□＋□＝□

こたえ（　　　　）

(2)

（しき）□＋□＝□

こたえ（　　　　）

(3)

（しき）□＋□＝□

こたえ（　　　　）

3 すいそうに　さかなが　3びき　います。そこに　7ひき　いれました。さかなは　ぜんぶで　なんびきに　なりましたか。

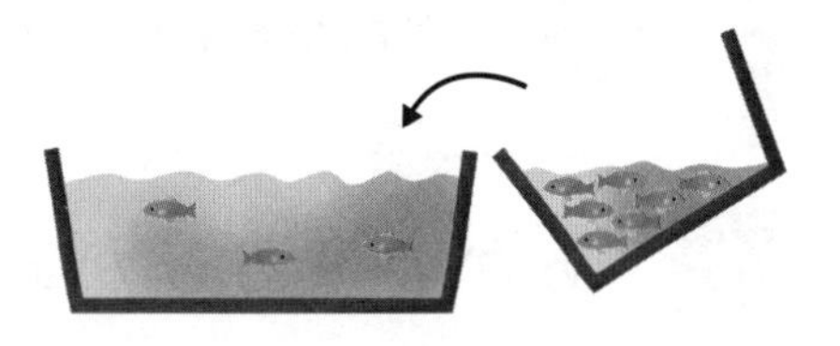

（しき）□＋□＝□

こたえ（　　　　）

4 にわとりが　きのう　6こ，きょう　3こ　たまごを　うみました。あわせて　なんこですか。

（しき）

こたえ（　　　　）

5 いちごが　4こ　あります。あと　2こ　ふえると，ぜんぶで　なんこに　なりますか。

（しき）

こたえ（　　　　）

6 こどもが　7にんで　あそんで　います。あとから　3にん　きました。こどもは　ぜんぶで　なんにんに　なりましたか。

（しき）

こたえ（　　　　）

こたえ▶べっさつ3ページ

じかん 25ふん	とくてん
ごうかく 80てん	てん

3 たしざんで かんがえよう　ハイクラス

1 あかい　おりがみが　7まい，あおい　おりがみが　2まい　あります。おりがみは　あわせて　なんまい　ありますか。(14てん)

(しき)

こたえ (　　　　　)

2 みかんが　3こ　ありました。4こ　もらうと，ぜんぶで　なんこに　なりますか。(14てん)

(しき)

こたえ (　　　　　)

3 ねずみが　6ぴき　います。そこへ　3びき　くると，ぜんぶで　なんびきに　なりますか。(14てん)

(しき)

こたえ (　　　　　)

4 バスていに　5にん　ならんで　います。その　あとに　3にん　ならびました。みんなで　なんにん　ならんで　いますか。(14てん)

(しき)

こたえ (　　　　　)

5 おりづるを　６わ　おりました。あと　４わ　おります。おりづるは　ぜんぶで　なんわ　できますか。(14てん)

(しき)

こたえ（　　　　　）

6 わなげを　しました。１かいめは　４つ　はいりました。２かいめは　１つも　はいりませんでした。あわせて　いくつ　はいりましたか。(14てん)

(しき)

こたえ（　　　　　）

7 したの　しきと　みぎの　えを　みて，「あわせると」を　つかって　たしざんの　もんだいを　つくりましょう。(16てん)

(しき)　６＋２

りんごが　かごに

ふくろに

こたえ ▶ べっさつ4ページ

4 ひきざんで　かんがえよう

標準クラス

1 のこりは　なんこに　なりますか。

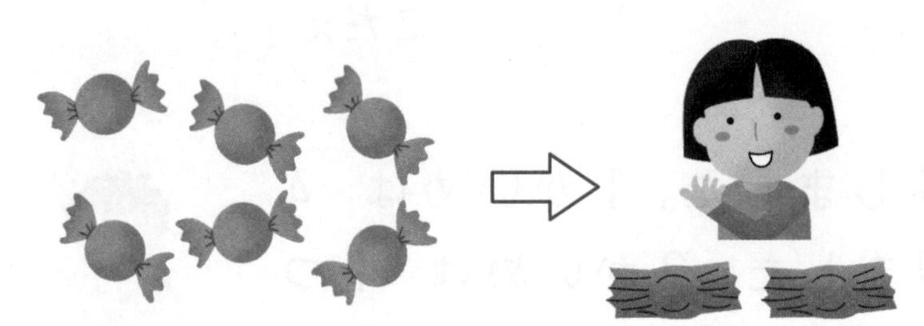

2こ　たべると

（しき）□−□＝□

こたえ（　　　　　）

2 えの　かずは　いくつ　ちがいますか。

(1)

（しき）□−□＝□

こたえ（　　　　　）

(2)

（しき）□−□＝□

こたえ（　　　　　）

3 えんぴつが　４ほん　あります。２ほん　つかうと，のこりは　なんぼんに　なりますか。

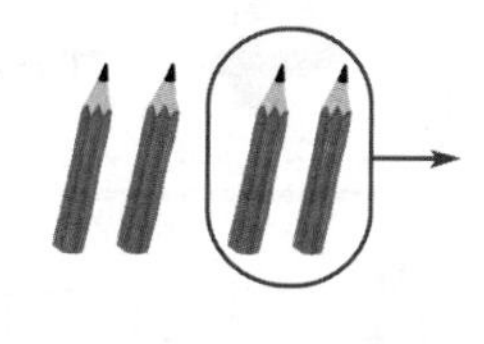

（しき）□－□＝□

こたえ（　　　　　）

4 ももが　６こ　あります。かきが　４こ　あります。かずは　なんこ　ちがいますか。

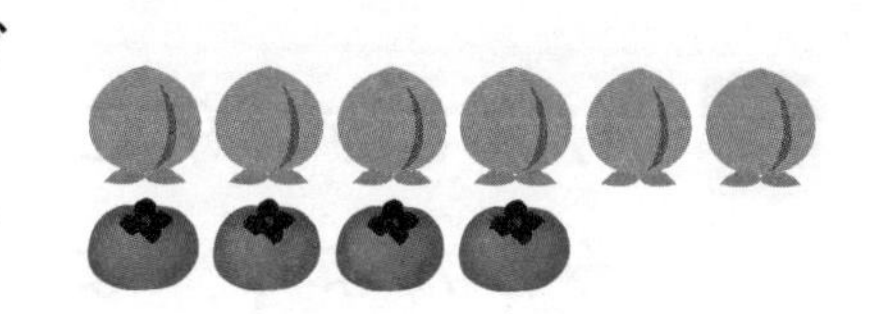

（しき）□－□＝□

こたえ（　　　　　）

5 ふうせんが　８こ　あります。１こ　われると，のこりは　なんこに　なりますか。

（しき）

こたえ（　　　　　）

6 にわとりが　９わ，ひよこが　６わ　います。どちらが　なんわ　おおいですか。

（しき）

こたえ（　　　　　）が（　　）わ　おおい。

4 ひきざんで かんがえよう

こたえ ▶ べっさつ4ページ

じかん 25ふん	とくてん
ごうかく 80てん	てん

1 チョコレートが　8まい　あります。3まい　たべると，のこりは　なんまいに　なりますか。(12てん)

(しき)

こたえ（　　　　）

2 りんごが　9こ，みかんが　5こ　あります。りんごは　みかんより　なんこ　おおいですか。(12てん)

(しき)

こたえ（　　　　）

3 すずめが　10わ　えさを　たべて　いました。4わ　とんで　いきました。なんわ　のこって　いますか。(12てん)

(しき)

こたえ（　　　　）

4 こどもが　7にん　あそんで　います。そのうち　おんなのこが　3にん　います。おとこのこは　なんにん　いますか。(12てん)

(しき)

こたえ（　　　　）

5 はとが　3わ，すずめが　10わ　います。どちらが　なんわ　おおいですか。(12てん)

(しき)

こたえ（　　　　　　　　　　）

6 おりがみを　5まい　もって　います。いもうとに　5まい　あげると　なんまい　のこりますか。(12てん)

(しき)

こたえ（　　　　　　）

7 たまごを　8こ　かいました。1こも　わらずに　もって　かえりました。もって　かえった　たまごは　なんこですか。(12てん)

(しき)

こたえ（　　　　　　）

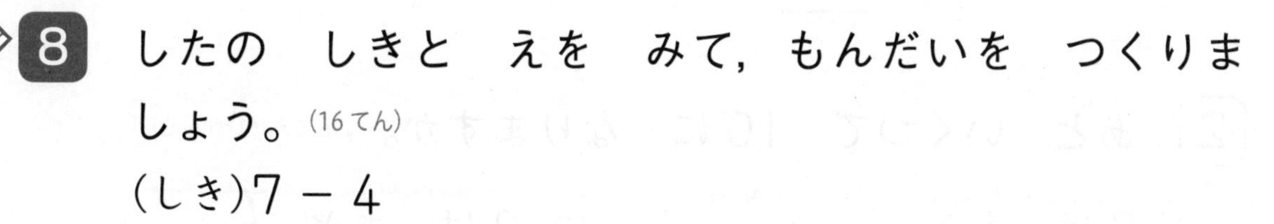

8 したの　しきと　えを　みて，もんだいを　つくりましょう。(16てん)

(しき)7 － 4

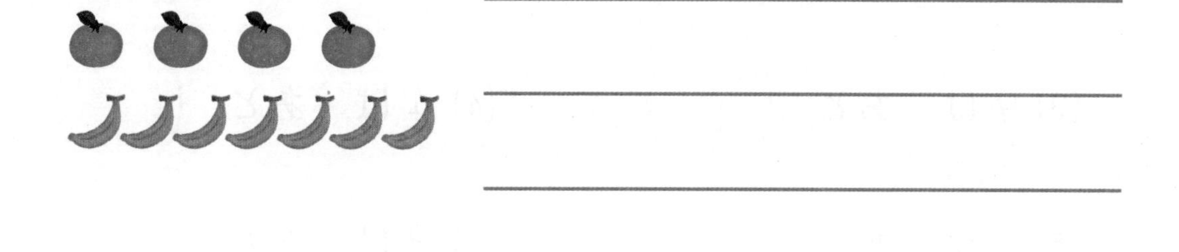

こたえ ▶ べっさつ5ページ

じかん 25ふん	とくてん
ごうかく 80てん	てん

チャレンジテスト①

1 えを みて，□に あてはまる かずを かきましょう。

(20てん／□1つ4てん)

(1) たまいれを しました。

かごに □ こ はいりました。

□ こ はいりませんでした。

なげた たまは ぜんぶで

□ こです。

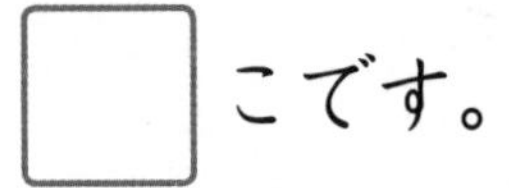

(2) りょうてで おはじきを 7こ
もって います。

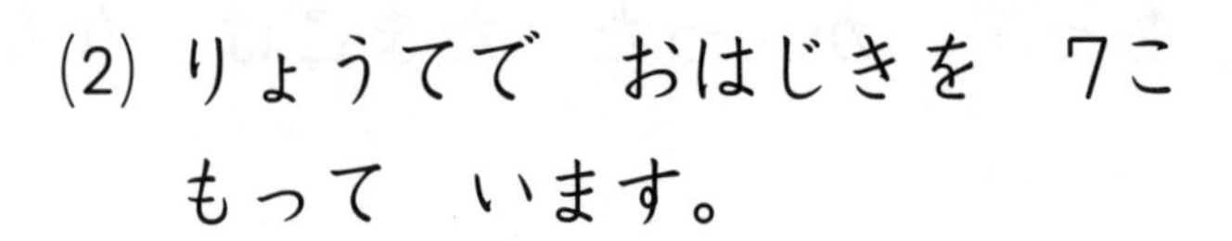

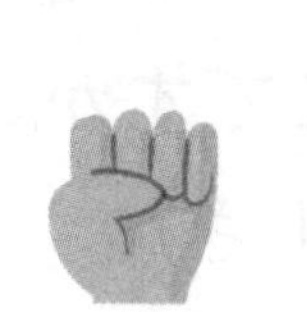

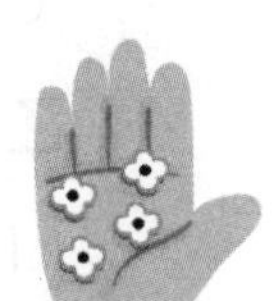

みぎてに □ こ あります。

ひだりてに □ こ かくして います。

2 あと いくつで 10に なりますか。(36てん／1つ6てん)

(1) 7は あと (　　)　(2) 2は あと (　　)

(3) 9は あと (　　)　(4) 4は あと (　　)

(5) 8は あと (　　)　(6) 3は あと (　　)

3 えを　みて，もんだいに　こたえましょう。

(1) ◯に　あてはまる　すうじを　かきましょう。

（15てん/1つ5てん）

(2) おんなのこは　したから　なんだんめに　たって　いますか。（5てん）

（　　）だんめ

(3) おんなのこが　したから　9だんめに　いくには，どちらへ　なんだん　すすめば　よいですか。（8てん）

（　うえ　・　した　）へ（　　）だん　すすみます。

↑あてはまる　ほうを　◯で　かこみましょう。

4 りんごが　3こ，みかんが　5こ　あります。

（16てん/1つ8てん）

(1) あわせて　なんこ　ありますか。

（しき）

こたえ（　　　　）

(2) みかんは　りんごより　なんこ　おおいですか。

（しき）

こたえ（　　　　）

チャレンジテスト②

こたえ▶べっさつ6ページ

じかん 25ふん	とくてん
ごうかく 80てん	てん

1 10にんの　こどもが　1れつに　ならんで　います。りくさんは　まえから　8ばんめ，みきさんは　うしろから　6ばんめに　います。えを　みて，もんだいに　こたえましょう。

(1) りくさんは　うしろから　なんばんめですか。(10てん)

(　　　　　)

(2) みきさんの　まえに　なんにん　うしろに　なんにん　いますか。(20てん/1つ10てん)

まえ (　　　　　)　うしろ (　　　　　)

(3) 「まえから　5にん　すわりましょう。」

みきさんは (　すわります　・　すわりません　)。(10てん)

↑あてはまる　ほうを　○で　かこみましょう。

2 あやかさんは　もって　いた　りんごを，3こと　4こに　わけました。はじめに　なんこ　もって　いましたか。

(10てん)

(　　　　　)

3 くろい　いしが　5こ，しろい　いしが　9こ　あります。ちがいは　なんこですか。(12てん)
(しき)

こたえ（　　　　）

4 おりがみが　10まい　あります。8まい　つかって，おりづるを　おると，のこりは　なんまいですか。(12てん)
(しき)

こたえ（　　　　）

5 たまごを，プリンを　つくるのに　2つ，ケーキを　つくるのに　4つ　つかいました。たまごは　ぜんぶで　いくつ　つかいましたか。(13てん)
(しき)

こたえ（　　　　）

6 みかんが　4こ　ありました。ともだちが　くるので，6こ　かって　きました。みかんは　なんこに　なりましたか。(13てん)
(しき)

こたえ（　　　　）

こたえ▶べっさつ7ページ

5 20までの　かず

標準クラス

1 まるの　かずに　ついて，もんだいに　こたえましょう。

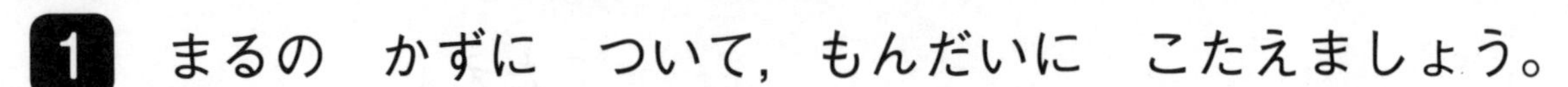

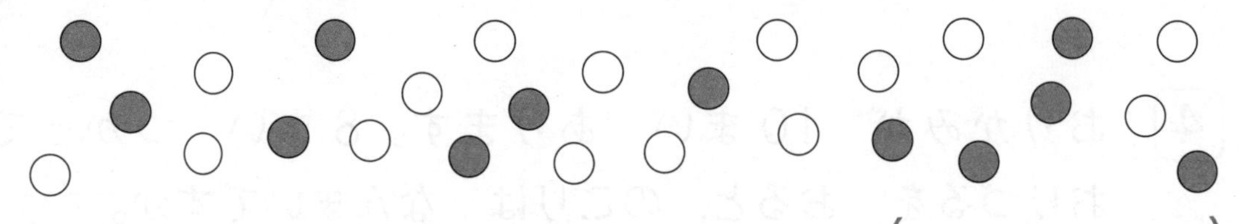

(1) ○は　なんこ　ありますか。（　　　）

(2) ●は　なんこ　ありますか。（　　　）

(3) ○は　あと　なんこで，20こに　なりますか。（　　　）

(4) ●は　10こより　なんこ　おおいですか。（　　　）

2 大(おお)きい　ほうを，○で　かこみましょう。

(1)（　16　・　17　）　(2)（　13　・　15　）

(3)（　20　・　10　）　(4)（　19　・　18　）

(5)（　9　・　11　）　(6)（　18　・　20　）

3 □に　あてはまる　かずを　かきましょう。

(1)
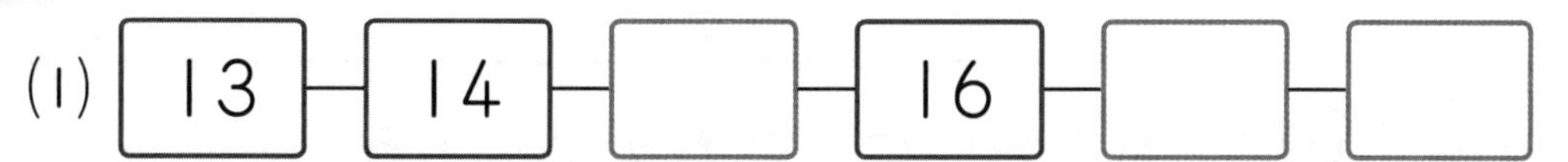

(2)
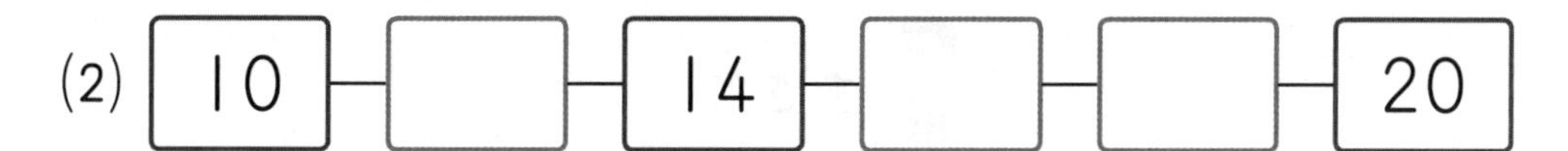

(3)
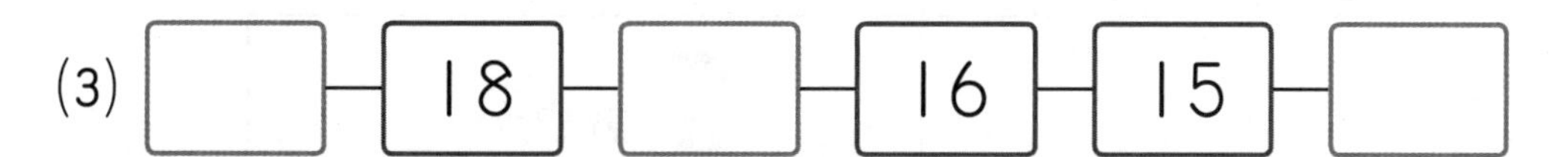

(4)

4 20に　なるには　いくつ　たりないですか。たりない　かずを　(　)に　かきましょう。

19	17	14	18
(　　)	(　　)	(　　)	(　　)

5 せんの　目(め)もりを　見(み)て　かぞえましょう。

0　　　　10　　　　20

(1) 10より　6　大きい　かずは　(　　)

(2) 13より　1　小(ちい)さい　かずは　(　　)

(3) 14より　3　大きい　かずは　(　　)

(4) 17より　7　小さい　かずは　(　　)

こたえ▶べっさつ7ページ

じかん 25ふん	とくてん
ごうかく 80てん	てん

5 20までの かず

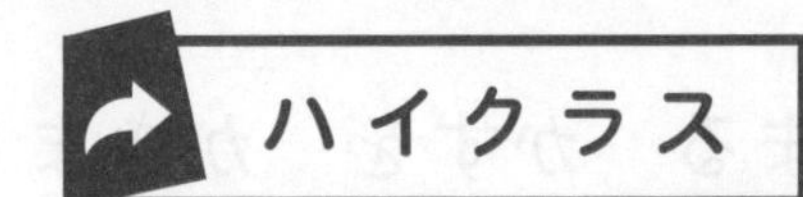

1 えを 見(み)て，もんだいに こたえましょう。

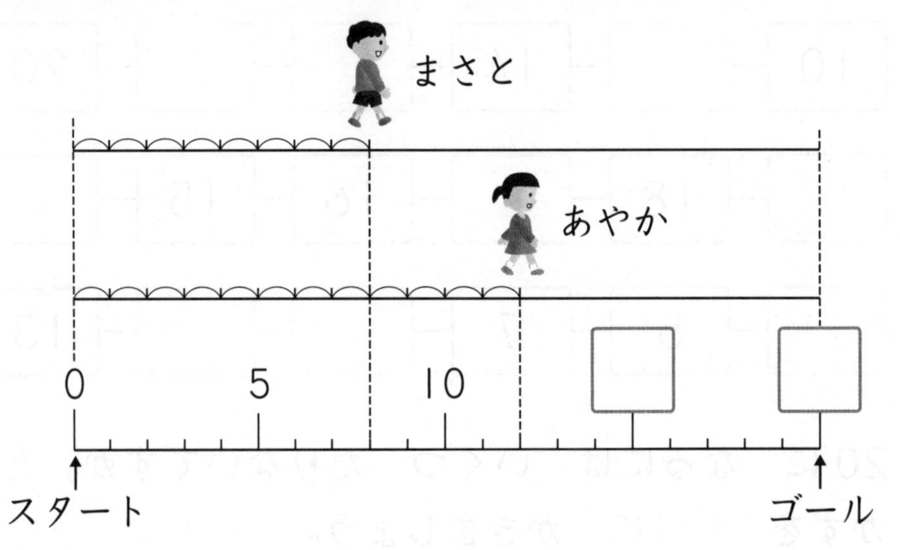

(1) かずのせんの □に あてはまる かずを かきましょう。(10てん/1つ5てん)

(2) まさとさんは いくつまで すすみましたか。(10てん)

(　　　　)

(3) あやかさんは いくつまで すすみましたか。(10てん)

(　　　　)

(4) あやかさんは まさとさんより いくつ おおく すすみましたか。(10てん)

(　　　　)

(5) あやかさんは あと いくつ すすむと ゴールしますか。(10てん)

(　　　　)

2 えを　見て，もんだいに　こたえましょう。(20てん/1つ10てん)

まえ　うしろ

(1) みんなで　なん人(にん)　いますか。

(　　　　　)

(2) みよさんは　まえから　3人目(め)，そうたさんは　まえから　15人目です。みよさんと　そうたさんの　あいだに　なん人　いますか。

(　　　　　)

3 おはじきとりを　しました。とった　おはじきの　かずを　はなして　います。

みゆ「12こです。」

りこ「10こより　6こ　おおいです。」

すみれ「20こより　5こ　すくないです。」

(1) りこさん，すみれさんは　なんこですか。(20てん/1つ10てん)

りこ(　　　　)　すみれ(　　　　)

(2) いちばん　おおいのは　だれですか。(10てん)

(　　　　　)

こたえ▶べっさつ8ページ

6 たしざんと　ひきざんで　かんがえよう ①

標準クラス

1 うさぎが　7ひき，ハムスターが　5ひき　います。うさぎと　ハムスターは　あわせて　なんびきですか。

（しき）

こたえ（　　　　　）

2 はとが　6わ　いました。そこへ　5わ　きました。いま　なんわに　なりましたか。

（しき）

こたえ（　　　　　）

3 きのうまでに，あさがおの　花（はな）が　15こ　さきました。きょう　4こ　さきました。ぜんぶで　なんこ　さきましたか。

（しき）

こたえ（　　　　　）

4 すずめが　12わ　います。8わ　とんで　いきました。すずめは　なんわ　のこって　いますか。
(しき)

こたえ（　　　　　）

5 大(おお)きい　ふうせんが　18こ，小(ちい)さい　ふうせんが　6こ　あります。ちがいは　なんこですか。
(しき)

こたえ（　　　　　）

6 男(おとこ)の子(こ)　13人(にん)と，女(おんな)の子　6人で　おにごっこを　して　います。どちらが　なん人　おおいですか。
(しき)

こたえ（　　　　）が（　　　）おおいです。

7 いすが　18きゃく　あります。1きゃくに　1人(ひとり)ずつ，8人が　すわります。いすは　なんきゃく　あまりますか。
(しき)

こたえ（　　　　　）

6 たしざんと ひきざんで かんがえよう ① ハイクラス

こたえ▶べっさつ8ページ

じかん 25ふん	とくてん
ごうかく 80てん	てん

1 えを　見て，たしざんの　もんだいを　つくりましょう。

（12 てん）

子どもが　4人　あそんで　いました。

2 えを　見て，ひきざんの　もんだいを　つくりましょう。

（24 てん /1 つ 12 てん）

(1)

3こ
たべた

まめが　12こ　ありました。

(2)

赤い　えんぴつが　12本　あります。

3 あめを　けいさんは　9こ，おにいさんは　14こ　たべました。けいさんは　おにいさんより　なんこ　すくないですか。(16てん)

(しき)

こたえ（　　　　　）

4 えんぴつを　やまとさんは　7本，ななみさんは　19本　もって　います。ななみさんは　なん本(ぼん)　おおいですか。(16てん)

(しき)

こたえ（　　　　　）

5 赤い　ふうせんが　12こ　あります。青(あお)い　ふうせんは　赤い　ふうせんより　7こ　すくないそうです。

(32てん/1つ16てん)

(1) 青い　ふうせんは　なんこ　ありますか。

(しき)

こたえ（　　　　　）

(2) ふうせんは　あわせて　なんこですか。

(しき)

こたえ（　　　　　）

こたえ▶べっさつ9ページ

7 大きい　かず

1 みんなで　いくつですか。10ずつ　かこんで　かぞえ，□に　あてはまる　かずを　かきましょう。

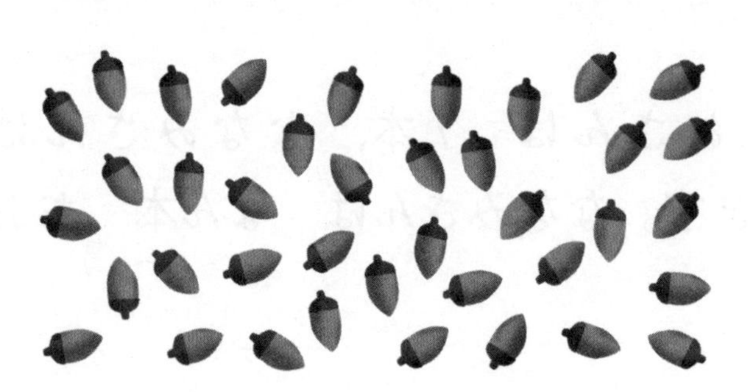

10の　かたまりが

□つと，のこりが

□。

ぜんぶで　□。

2 □に　あてはまる　かずを　かきましょう。

(1) 15－20－25－□－□－□－□－□

(2) 30－□－50－60－□－80－□－□－□

3 大きい　じゅんに　ならべましょう。

(1) 96，51，82
(　　　　　　　)

(2) 68，83，84
(　　　　　　　)

(3) 17，32，80，71
(　　　　　　　)

(4) 25，75，78，98
(　　　　　　　)

4 □に　あてはまる　かずを　かきましょう。

(1) 10が　4つと　1が　7つで　□　です。

(2) 10が　9つと　1が　8つで　□　です。

(3) 82は　10が　□　つと　1が　□　つです。

(4) 63は　10が　□　つと　1が　□　つです。

(5) 100は　10を　□　こ　あつめた　かずです。

5 かずのせんを　見(み)て　□に　あてはまる　かずを　かきましょう。

31 32 33 34 35 36 37 38 39 40 41 42 43 44 45 46 47 48 49 50

(1) 34から　6つ　すすむと　□　に　なります。

(2) 42から　□　つ　すすむと　49に　なります。

(3) 49は　39から　□　すすんだ　かずです。

6 □に　あてはまる　かずを　かきましょう。

(1) 62，64，66，68，70，□，□

(2) 39，49，59，69，79，□，□

(3) 77，66，55，44，33，□，□

(4) 7，9，11，13，15，□，□

7 大きい　かず

こたえ▶べっさつ9ページ

じかん　25ふん	とくてん
ごうかく　80てん	てん

1 たけしさんは　ももの　かずを　かぞえました。あと　3こ　あれば　80こに　なります。(20てん/1つ10てん)

(1) ももは　なんこ　ありますか。

(　　　　　)

(2) ももを　10こずつ　はこに　入れると，なんはこ　できて，なんこ　のこりますか。

(　　)はこ　できて，のこり（　　）こ

2 めぐみさんと　たくやさんが　まとあてゲームを　しました。

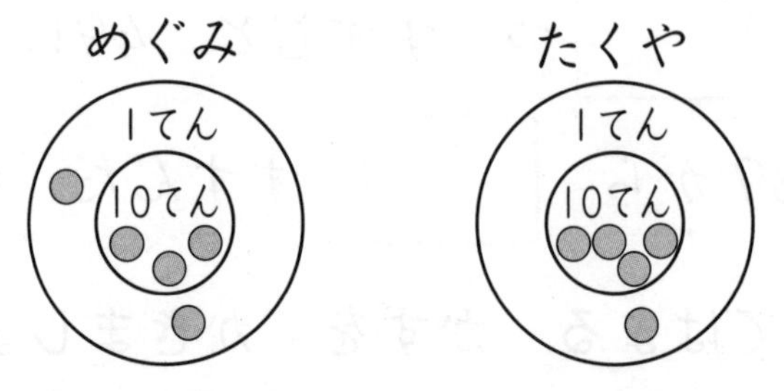

(1) それぞれの　てんすうは　なんてんですか。(20てん/1つ10てん)

めぐみさん（　　　　）　たくやさん（　　　　）

(2) てんすうが　おおいのは　どちらですか。(10てん)

(　　　　　)

3 かいものに　いきます。

(1) なん円（えん）　ありますか。(10てん)

(　　　　　)

(2) この　おかねで　かえる　ものに　○を，かえない　ものに　×を　つけましょう。(20てん／1つ5てん)

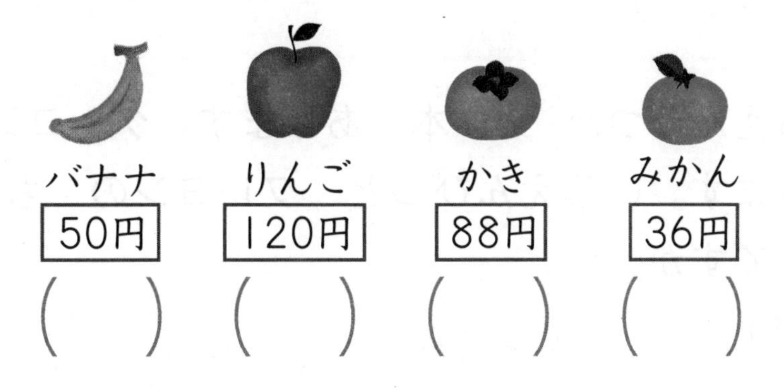

(　)　(　)　(　)　(　)

4 赤（あか）ぐみと　白（しろ）ぐみに　わかれて　ゲームたいかいを　しました。けっかは　赤ぐみの　かちでした。白ぐみの　とくてんは　なんてんでしたか。(20てん)

赤ぐみ	白ぐみ
115	1[illegible]7

(　　　　　)

こたえ▶べっさつ10ページ

8 たしざんと　ひきざんで　かんがえよう ②

標準クラス

1 こうえんに　はとが　34わ　いました。あとから　3わ　とんで　きました。はとは　ぜんぶで　なんわに　なりましたか。

(しき)

こたえ(　　　　　)

2 いろえんぴつが　30本(ぽん)　あります。クレヨンは　10本　あります。いろえんぴつと　クレヨンの　ちがいは　なん本(ぼん)ですか。

(しき)

こたえ(　　　　　)

3 きょうしつに　え本(ほん)が　20さつ，ずかんが　10さつ　あります。あわせて　なんさつ　ありますか。

(しき)

こたえ(　　　　　)

4 きのう　本を　8ページ　よみました。きょうは　がんばって　30ページ　よみました。あわせて　なんページよみましたか。

（しき）

こたえ（　　　　　）

5 こうえんに　はとが　35わ　います。5わが　どこかへ　とんで　いきました。なんわ　のこって　いますか。

（しき）

こたえ（　　　　　）

6 あゆむさんは　なわとびを　8かい　とびました。なつみさんは　49かい　とびました。なつみさんは　あゆむさんより　なんかい　おおく　とびましたか。

（しき）

こたえ（　　　　　）

7 みかんが　30こ　あります。20人（にん）の　子（こ）どもに　1こずつ　くばります。みかんは　なんこ　のこりますか。

（しき）

こたえ（　　　　　）

8 たしざんと ひきざんで かんがえよう ②

ハイクラス

こたえ▶べっさつ10ページ

じかん 25ふん	とくてん
ごうかく 80てん	てん

1 下(した)の えを 見(み)て，つぎの しきに なる もんだいを つくりましょう。(40てん/1つ20てん)

ラムネ 30円(えん)

グミ 40円

(1) 30＋40

(2) 90－40

2 くじが 35まい あります。そのうち 4まいが あたりです。はずれの くじは なんまい ありますか。(15てん)

(しき)

こたえ（　　　　）

3 80ページ　ある　本(ほん)を　よんで　います。これまでに 60ページ　よみました。あと　なんページ　よめば よみおわりますか。(15てん)

(しき)

こたえ(　　　　　)

4 ゆたかさんは　うで立(た)てふせが　27かい　できました。りょうさんは　ゆたかさんより　4かい　すくなかった そうです。りょうさんは　うで立てふせが　なんかい できましたか。(15てん)

(しき)

こたえ(　　　　　)

5 42人(にん)の　子(こ)どもに　1本(ぽん)ずつ　えんぴつを　くばりました。えんぴつは　まだ　3本(ぼん)　のこって　います。えんぴつは　ぜんぶで　なん本　ありましたか。(15てん)

(しき)

こたえ(　　　　　)

こたえ▶べっさつ11ページ

9 3つの　かずの　けいさん

1 えを　見て　□に　かずや　しきを　かきましょう。

(1)

（しき）４＋２－１＝□

(2)

（しき）６－□－□＝□

(3)

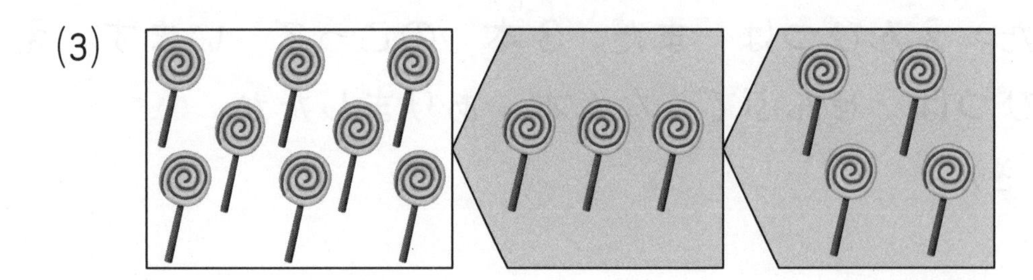

（しき）□

2 6に　5を　たして　2を　ひいたときの　こたえを　もとめましょう。

（しき）

こたえ（　　　　　）

3 けいとさんは　わなげを　しました。1かい目(め)は　4つ，2かい目は　3つ，3かい目は　2つ　はいりました。あわせて　いくつ　はいりましたか。

（しき）

こたえ（　　　　　）

4 チョコレートが　8こ　ありました。わたしが　3こ　たべて，いもうとが　2こ　たべました。あと　なんこ　のこって　いますか。

（しき）

こたえ（　　　　　）

5 6人(にん)で　なわとびを　して　いました。そこへ　3人　きました。しばらくして，4人　かえりました。いま　なん人ですか。

（しき）

こたえ（　　　　　）

9 3つの かずの けいさん

こたえ▶べっさつ11ページ

じかん 25ふん	とくてん
ごうかく 80てん	てん

1 えを 見て，もんだいを つくりましょう。(10てん)

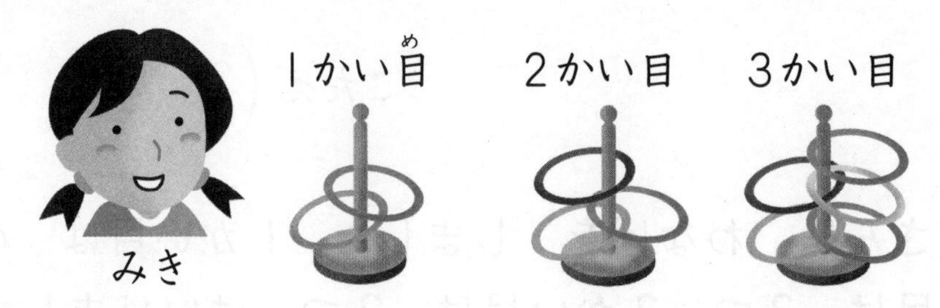

____

____

____

2 □に あう ＋か －を かきましょう。(50てん／1つ5てん)

(1) 5 □ 6 □ 2＝13　　(2) 14 □ 8 □ 5＝11

(3) 9 □ 7 □ 2＝14　　(4) 18 □ 7 □ 6＝5

(5) 6 □ 7 □ 4＝9　　(6) 15 □ 8 □ 4＝3

(7) 4 □ 9 □ 5＝18　　(8) 16 □ 9 □ 8＝15

(9) 10 □ 2 □ 7＝5　　(10) 7 □ 6 □ 7＝20

3 すずめが　でんせんに　14わ　とまって　いました。6わ　とんで　いきました。しばらくすると，4わ　かえって　きました。なんわに　なりましたか。(10てん)

(しき)

こたえ（　　　　　）

4 だれも　のって　いない　エレベーターに，1かいで　5人（にん）　のり，2かいで　7人　のり，3かいで　3人　おりました。なん人に　なりましたか。(10てん)

(しき)

こたえ（　　　　　）

5 ロープウェーに　のるために　8人　まって　いました。そこへ　5人　きました。ロープウェーは　10人のりです。なん人　のれませんか。(10てん)

(しき)

こたえ（　　　　　）

6 16から　9を　ひくのを　まちがえて，5を　ひきました。こたえは　いくつ　おおく　なりますか。(10てん)

(しき)

こたえ（　　　　　）

こたえ▶べっさつ12ページ

10 □の ある しき

標準クラス

1 下の ずから，どんな しきが かけますか。□に あてはまる ことばを かきましょう。

(だいだい)	
(き)	(赤)

(き)＋□＝□

(き)＝□－□

□－□＝(赤)

2 □に あてはまる かずを 見つけましょう。

(1)

12	
8	□

(　　　)

(2)

□	
10	4

(　　　)

3 □に　あてはまる　かずを　かきましょう。

(1)

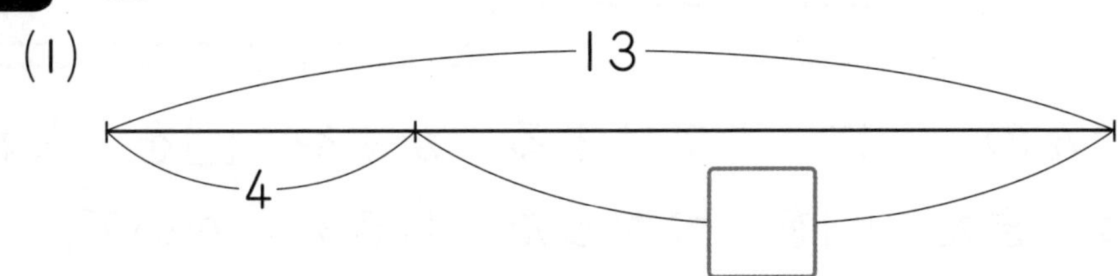

(2)

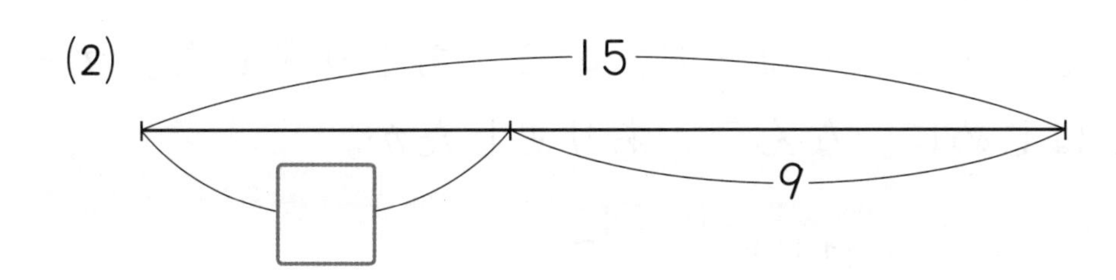

(3)

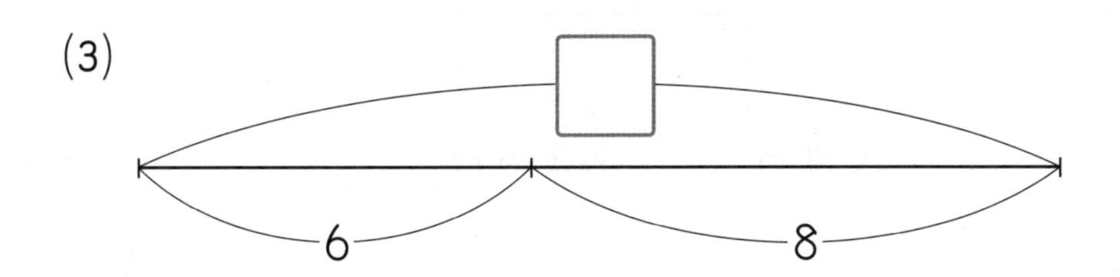

4 □に　あてはまる　かずを　かきましょう。

(1) ねこが　12 ひき　いました。□びき　きたので，ぜんぶで　15 ひきに　なりました。

(2) 子(こ)どもが　□人(にん)　いました。5 人　かえったので，6人に　なりました。

(3) 1 年生(ねんせい)は　18 人　います。そのうち　男(おとこ)の子は　□人で，女(おんな)の子は　8 人　です。

10 □の ある しき

こたえ▶べっさつ12ページ

じかん 20ぷん	とくてん
ごうかく 80てん	てん

1 かずのせんの □に あてはまる かずや □を 入(い)れましょう。また，□を つかった しきを かいて，かんがえましょう。(100てん/1つ20てん)

(1) ケーキを 7こ くばると，4こ あまりました。ケーキは はじめに なんこ ありましたか。

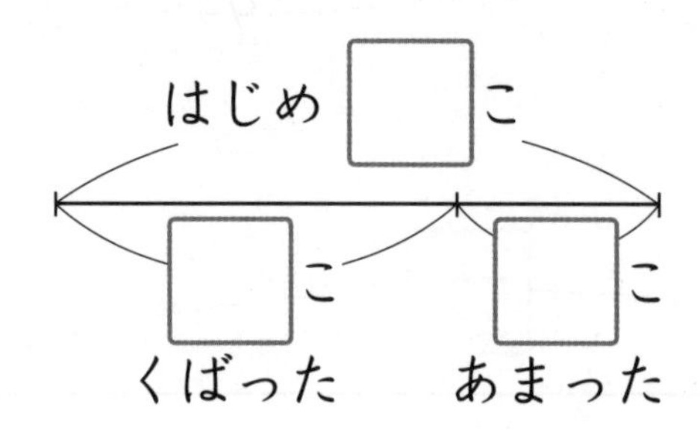

(しき)

こたえ(　　　　)

(2) カードを 8まい もって いました。なんまいか もらったので，カードは 13まいに なりました。もらった カードは なんまいですか。

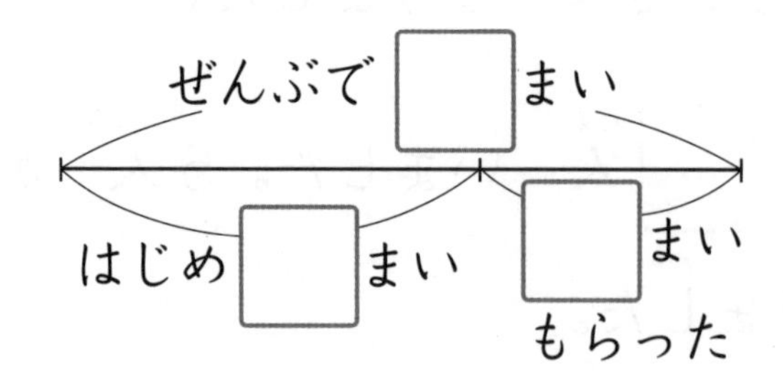

(しき)

こたえ(　　　　)

(3) 15人(にん)で　サッカーを　して　いましたが，なん人か かえったので，6人に　なりました。かえったのは　なん人ですか。

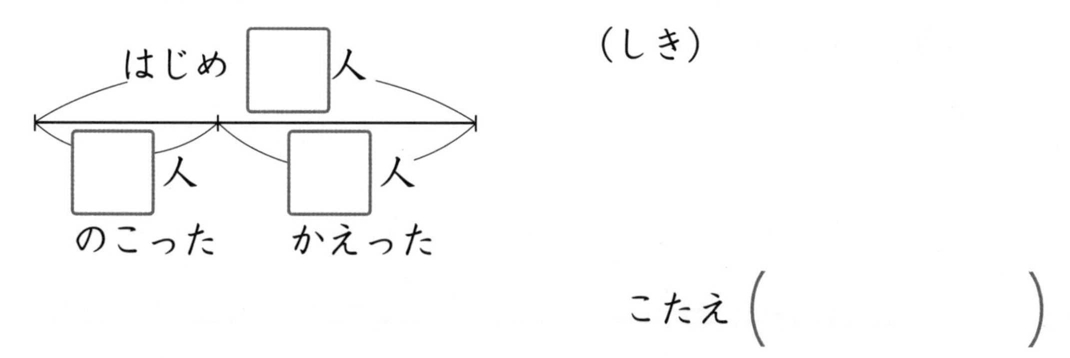

（しき）

こたえ（　　　　　）

(4) いろがみを　6まい　つかったので，のこりが　10まいに　なりました。はじめに　なんまい　ありましたか。

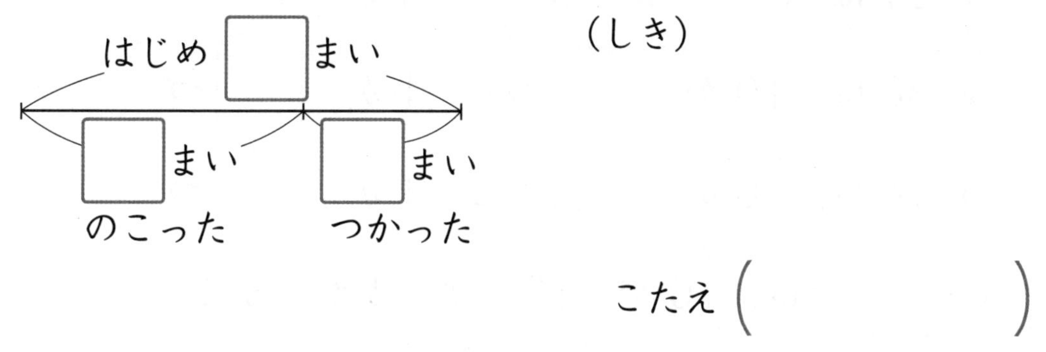

（しき）

こたえ（　　　　　）

(5) 100ページ　ある　本(ほん)を　よんで　います。あと　30ページ　よむと　よみおわります。これまでに　なんページ　よみましたか。

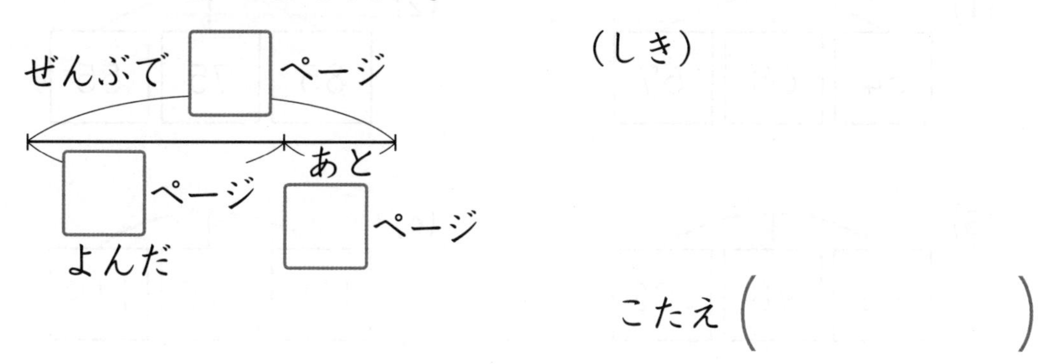

（しき）

こたえ（　　　　　）

チャレンジテスト③

こたえ ▶ べっさつ13ページ

じかん 25ふん	とくてん
ごうかく 80てん	てん

1 しきが　8+4−9に　なる　もんだいを　つくりましょう。(10てん)

---

2 □に　あてはまる　かずを　かきましょう。(24てん/1つ6てん)

(1) 67は，□が　6つと　1が　7つ

(2) 38は，10が　□つと　1が　□つ

(3) 74は，10が　□つと　1が　□つ

(4) □は，10が　10こと　1が　3こ

3 いちばん　大(おお)きい　かずに　○を　つけましょう。

(24てん/1つ6てん)

(1)

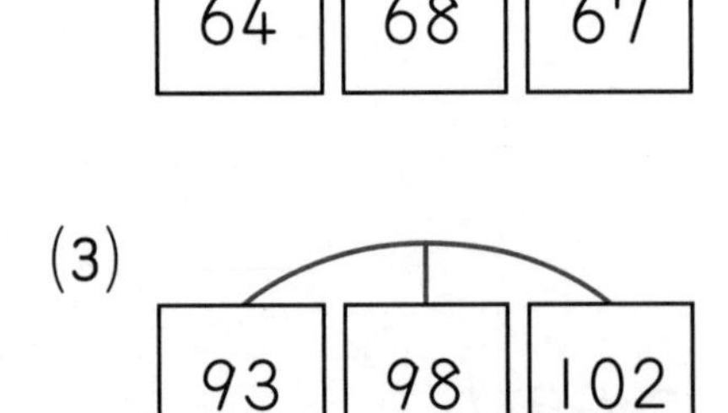

(2) 85　75　55

(3) 93　98　102

(4)

4 バスに　14人(にん)　のって　いました。ていりゅうじょで，2人(ふたり)　おりて，3人　のりました。いま　バスに　なん人　のって　いますか。（10てん）

（しき）

こたえ（　　　　　）

5 いちごが　10こ　ありました。さとしさんが　5こたべて，おとうとが　3こ　たべました。あと　なんこのこって　いますか。（10てん）

（しき）

こたえ（　　　　　）

6 十(じゅう)のくらいの　すう字(じ)が　4で　ある　かずの　中(なか)で，いちばん　大きい　かずと，いちばん　小(ちい)さい　かずをかきましょう。（12てん／1つ6てん）

大きい　かず（　　　　）　小さい　かず（　　　　）

7 シールを　7まい　もって　いました。なんまいか　もらったので，シールは　16まいに　なりました。もらった　シールは　なんまいですか。（10てん）

（しき）

こたえ（　　　　　）

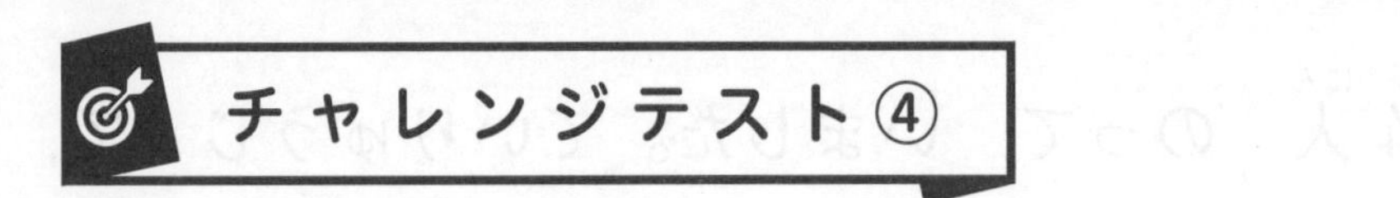

チャレンジテスト④

こたえ▶べっさつ14ページ

じかん 25ふん	とくてん
ごうかく 80てん	てん

1 □に　あてはまる　かずを　かきましょう。(15てん/1つ3てん)

(1) 40の　十のくらいの　すう字は　□　で　一のくらいの　すう字は　□　です。

(2) 10が　8つと　1が　6つで，□　に　なります。

(3) りんごが　94こ　あります。10こずつ　はこに　つめると，□　はこと　のこりは　□　こに　なります。

(4) 100より　5　小さい　かずは　□　です。

(5) 100より　13　大きい　かずは　□　です。

2 □に　あてはまる　かずを　かきましょう。(36てん/□1つ3てん)

(1) □ ― 60 ― □ ― 80 ― 90 ― □

(2) 73 ― □ ― □ ― 76 ― □ ― 78

(3) 95 ― □ ― 91 ― □ ― 87 ― □

(4) 104 ― □ ― □ ― 101 ― □ ― 99

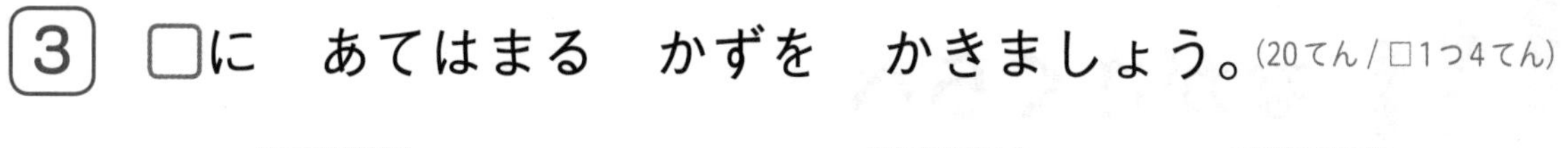

3 □に　あてはまる　かずを　かきましょう。(20てん／□1つ4てん)

(1)

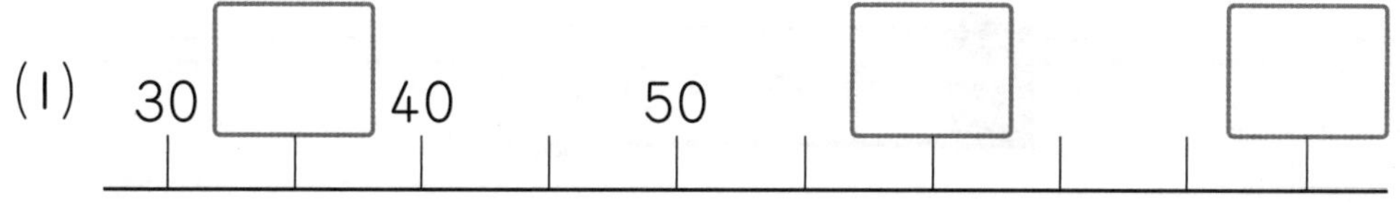

(2)

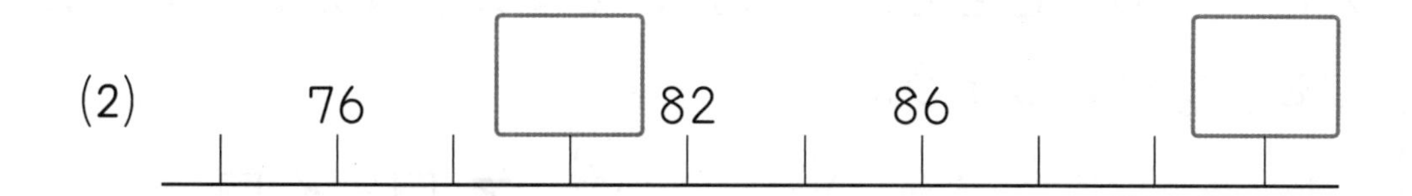

4 チューリップを　10本　たばに　した　ものが　4つと，1本ずつに　わかれた　チューリップが　9本　あります。ぜんぶで　なん本ですか。(9てん)

(しき)

こたえ（　　　　　　）

5 クッキーを　8まい　たべたので，のこりが　9まいに　なりました。はじめに　なんまい　ありましたか。(10てん)

(しき)

こたえ（　　　　　　）

6 クッキーが　15まい　ありました。わたしは　2まい　たべました。あには　なんまいか　たべました。のこって　いるのは　5まいです。あには　なんまい　たべましたか。(10てん)

(しき)

こたえ（　　　　　　）

こたえ▶べっさつ15ページ

11 ながさくらべ

標準クラス

1 アと　イの　どちらが　ながいですか。ながい　ほうに　○を　つけましょう。

(1)

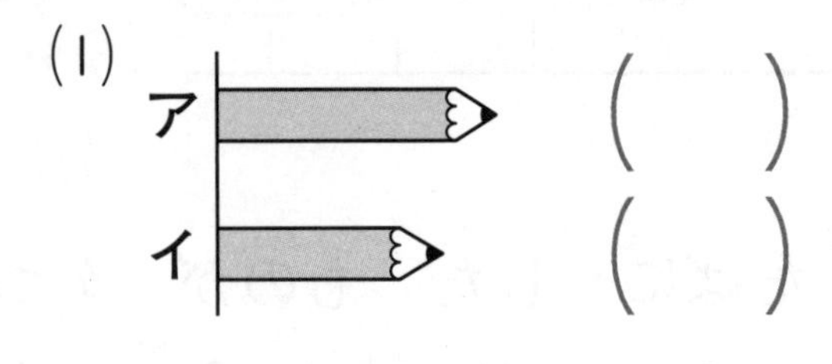

(2)

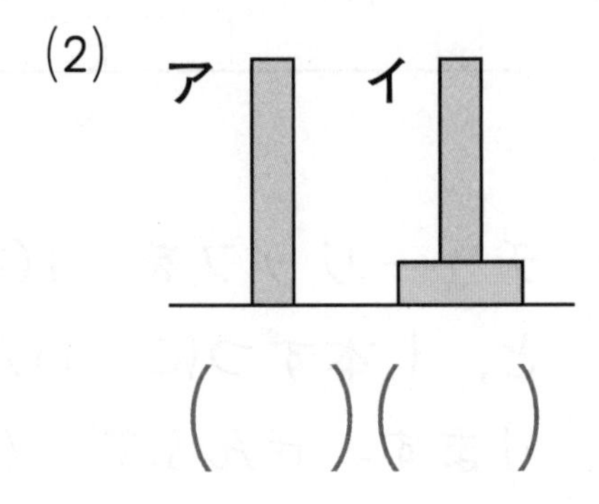

2 おなじ　ながさを　さがして，□の　中に　きごうを　かきましょう。

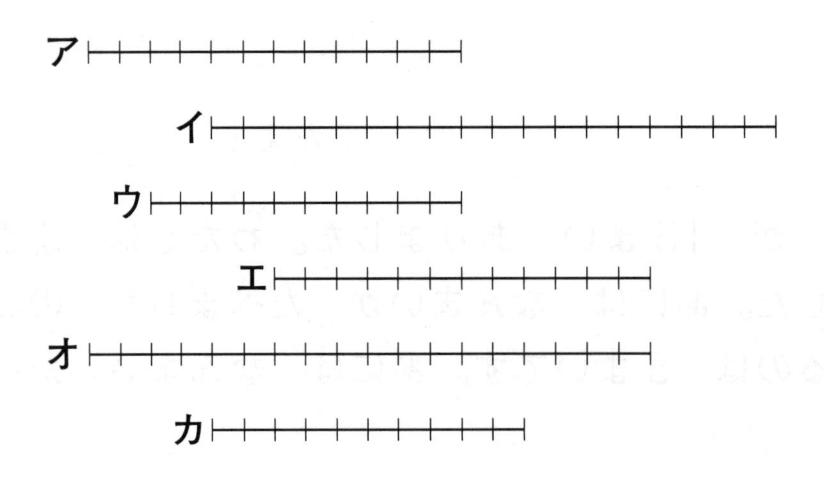

□と□　□と□　□と□

3 テープの　ながさくらべを　して　います。どのように すれば　くらべられますか。

ア

イ

____

____

4 なんこぶんの　ながさですか。

(1) 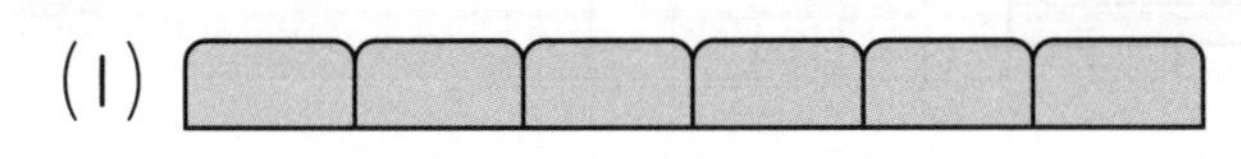 が（　　）こぶん

(2) が（　　）こぶん

(3)  が（　　）こぶん

(4) が（　　）こぶん

5 ながい　じゅんに　ばんごうを　かきましょう。

(1)（　）

（　）

（　）

(2)（　）

（　）

（　）

こたえ▶べっさつ15ページ

11 ながさくらべ

じかん 25ふん	とくてん
ごうかく 80てん	てん

1 ずを 見(み)て こたえましょう。(20てん/1つ10てん)

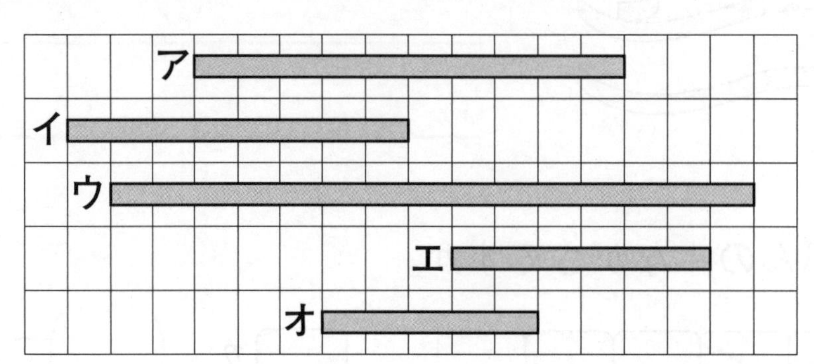

(1) ながい じゅんに きごうを かきましょう。

(　　)→(　　)→(　　)→(　　)→(　　)

(2) ウと オの ながさの ちがいは □なんこぶんですか。

(　　)こぶん

2 おなじ ながさの クレヨンを つかって ながさを はかって います。はかりかたの 正(ただ)しくない ところを ○で かこみましょう。りゆうも かきましょう。

(30てん/1つ15てん)

(1)

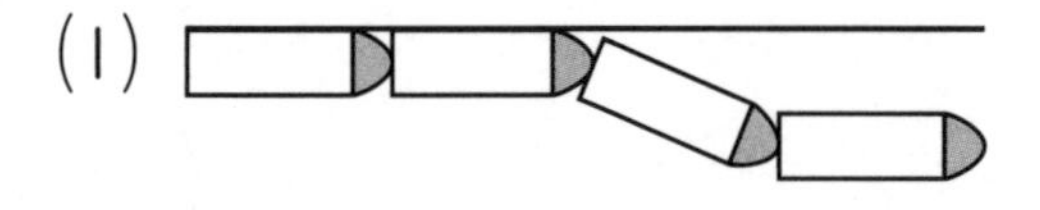

(りゆう)

(2)

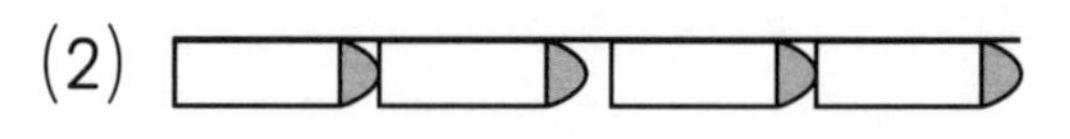

(りゆう)

3 ふでばこ　5こぶんの　たかさの　はこと，おなじ　ふでばこ　4こぶんの　たかさの　はこが　あります。はこを　かさねると　ふでばこ　なんこぶんの　たかさに　なりますか。(15てん)

(しき)

こたえ（　　　　　）

4 えんぴつ　8本(ほん)ぶんの　ながさの　アの　テープと，6本(ぽん)ぶんの　ながさの　イの　テープが　あります。どちらが　なん本(ぼん)ぶん　ながいですか。(15てん)

(しき)

こたえ（　　）の　テープが（　　）本ぶん　ながいです。

5 はがきを　おって　はがきの　たてと　よこの　ながさくらべを　しました。どちらが　ながいですか。
りゆうも　かきましょう。

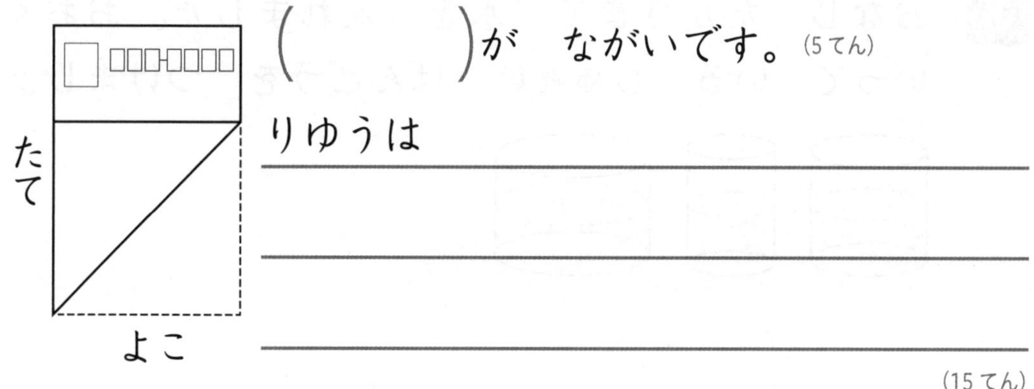

（　　　　）が　ながいです。(5てん)

りゆうは

(15てん)

こたえ▶べっさつ16ページ

12 かさくらべ

標準クラス

1 ぎゅうにゅうびんと　ジュースの　びんを，えのように　して　かさくらべを　しました。どちらが　おおく　はいりますか。

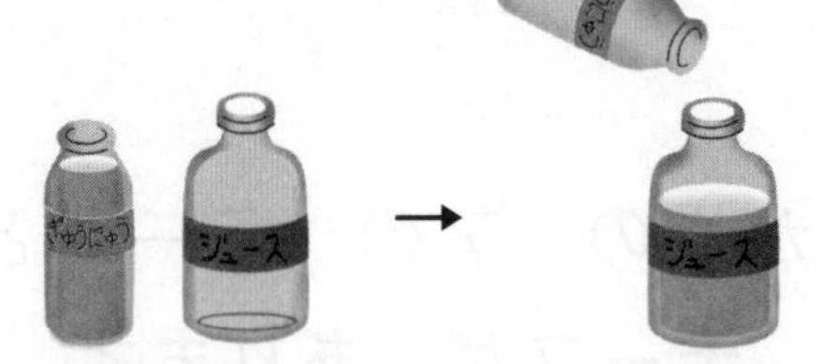

（　　　　）

2 おなじ　大きさの　ますに　水を　入れました。おおく　はいって　いる　じゅんに　ばんごうを　つけましょう。

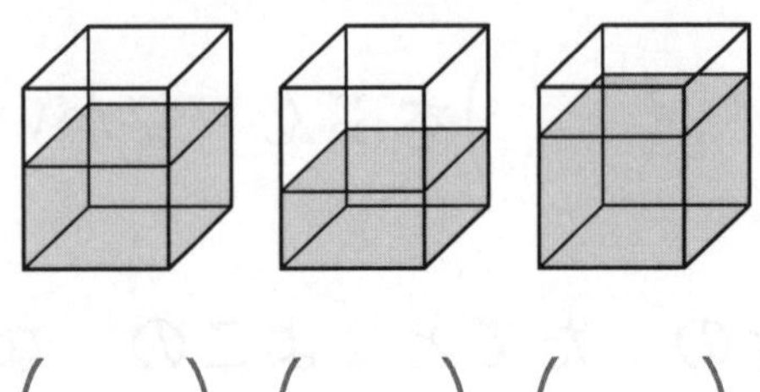

（　　）（　　）（　　）

3 おなじ　たかさまで　水を　入れました。おおく　はいって　いる　じゅんに　ばんごうを　つけましょう。

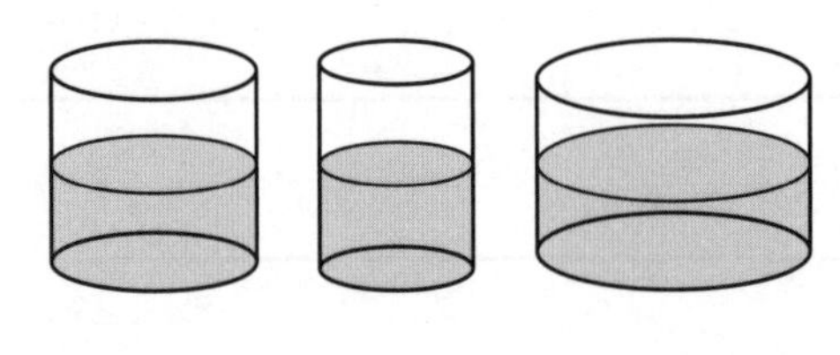

（　　）（　　）（　　）

4 おなじ　大きさの　コップを　つかって　やかん，水(すい)とう，ポットの　かさを　しらべました。

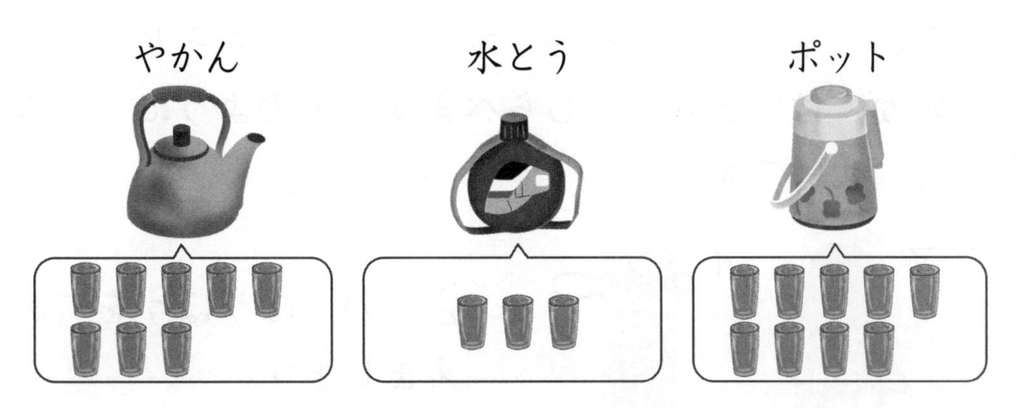

(1) コップ　なんばいぶんの　水が　はいりますか。□に　かずを　かきましょう。

やかん □ はいぶん　　水とう □ はいぶん

ポット □ はいぶん

(2) やかんと　水とうでは，どちらが　コップ　なんばいぶん　おおく　はいりますか。

(　　　　)が　(　　)はいぶん　おおく　はいる。

(3) やかんと　水とうと　ポットに　はいる　水を　あわせると，コップ　なんばいぶんに　なりますか。

(　　　　)はいぶん

こたえ▶べっさつ16ページ

12 かさくらべ

ハイクラス

じかん 25ふん	とくてん
ごうかく 80てん	てん

1 アの 水とうと イの 水とうに どちらが おおく 水が はいるかを しらべます。どのように しらべたら よいですか。(30てん/1つ15てん)

ア  イ 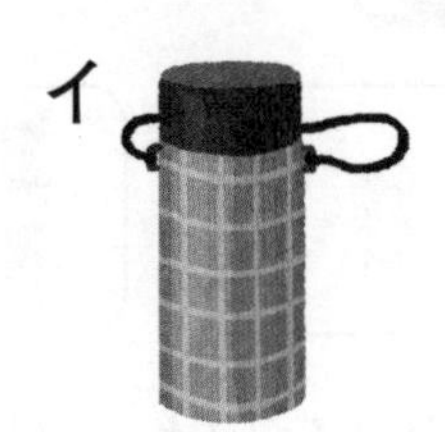

2つの ほうほうを かんがえましょう。

2 ㋐の びんに コップ 5はいぶんの 水が はいって います。㋑の びんには 水が はいって いません。㋐の 水を ㋑に うつすと，㋐の びんには コップ 2はいぶんの 水が のこりました。㋑の びんに はいった 水は コップ なんばいぶんですか。(13てん)

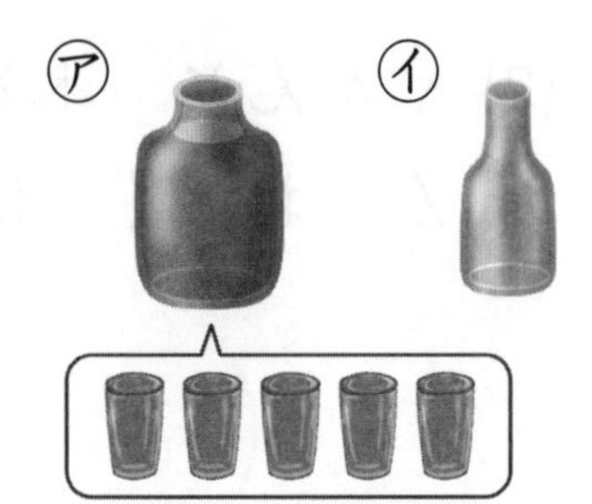

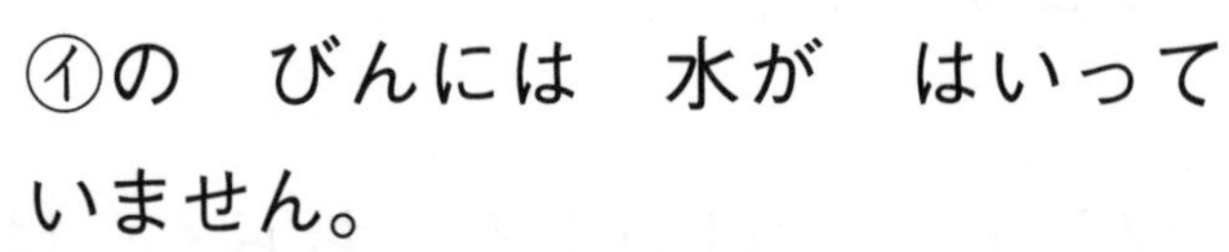

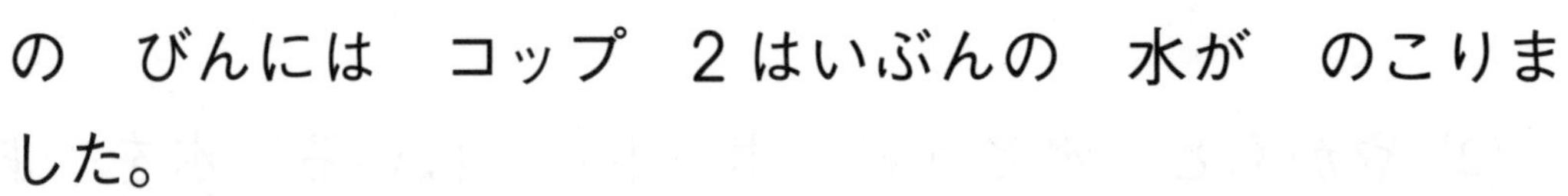

(　　　　)

3 ジュースが　びんに　コップ　8はいぶん，かみパックに　コップ　5はいぶん　はいって　います。(24てん/1つ12てん)

(1) ジュースは　あわせて　コップ　なんばいぶん　ありますか。

(　　　　)

(2) びんと　かみパックでは，どちらが　なんばいぶん　おおいですか。

(　　　　　　　　　　)

4 水が　水とうに　コップ　12はいぶん　はいって　います。この　水を　コップ　3ばいぶん　のむと，のこりは　コップ　なんばいぶんに　なりますか。(13てん)

(　　　　)

5 おちゃが　ポットに　コップ　7はいぶん，やかんに　6ぱいぶん，ペットボトルに　5はいぶん　あります。16人(にん)の　子(こ)どもに　コップ　1ぱいずつ　おちゃを　くばります。おちゃは　たりますか。りゆうも　かきましょう。

(　たります　・　たりません　)。(5てん)

↑あてはまる　ほうを　○で　かこみましょう。

(りゆう)

______

______

______

(15てん)

こたえ▶べっさつ17ページ

13 ひろさくらべ

1 アと　イを　かさねました。どちらが ひろいですか。

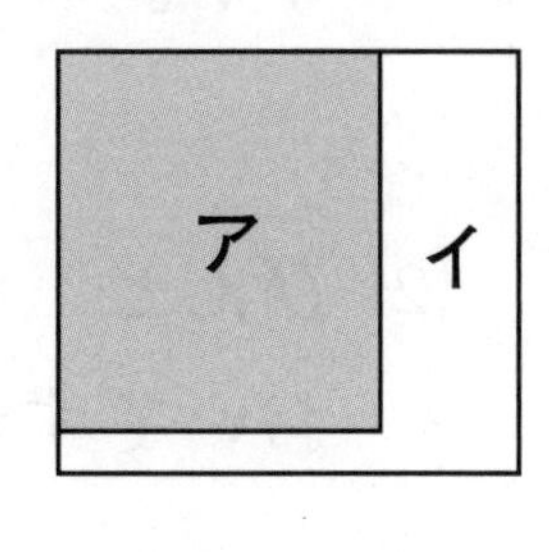

（　　）

2 ずを　見（み）て　こたえましょう。

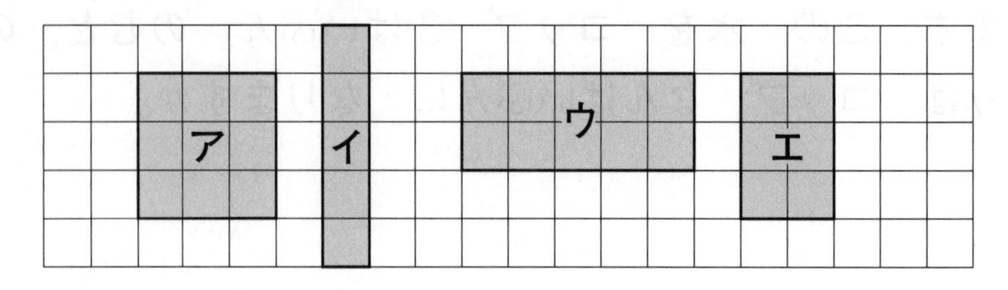

(1) ひろい　じゅんに　きごうを　かきましょう。

（　→　→　→　）

(2) ウと　エの　ひろさの　ちがいは　□の　いくつぶんですか。

（　　）つぶん

3 いろが　ついた　ところの　ひろさを　くらべます。

ア　イ　ウ　エ

ひろい　じゅんに　きごうを　かきましょう。

（　　→　　→　　→　　）

4 ずを　見て　こたえましょう。

㋐

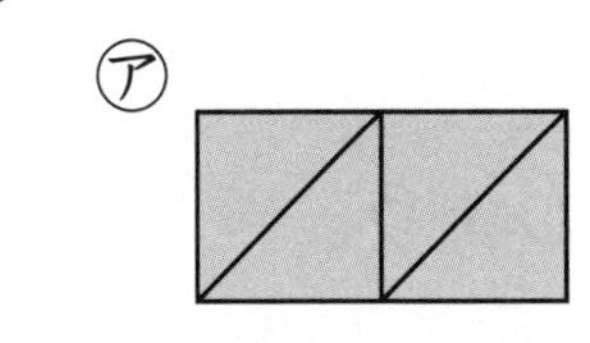

㋑

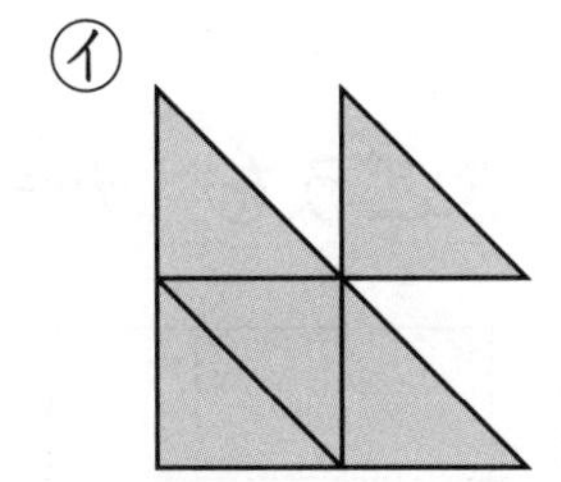

㋒

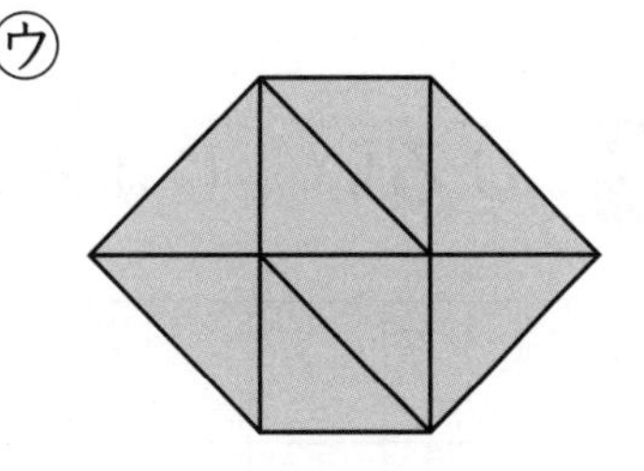

㋑は　㋐より　◺の　いろいた（　　）まいぶん

ひろいです。

㋒は　㋑より　◺の　いろいた（　　）まいぶん

ひろいです。

こたえ▶べっさつ17ページ

じかん 25ふん	とくてん
ごうかく 80てん	てん

1 アの　かべと　イの　かべは　どちらが　ひろいですか。りゆうも　かきましょう。

（　　）が　ひろいです。（10てん）

（りゆう）

＿＿＿＿＿＿＿＿＿＿＿＿＿＿＿＿＿＿＿＿

＿＿＿＿＿＿＿＿＿＿＿＿＿＿＿＿＿＿＿＿（20てん）

2 ひろい　じゅんに　きごうを　かきましょう。（20てん）

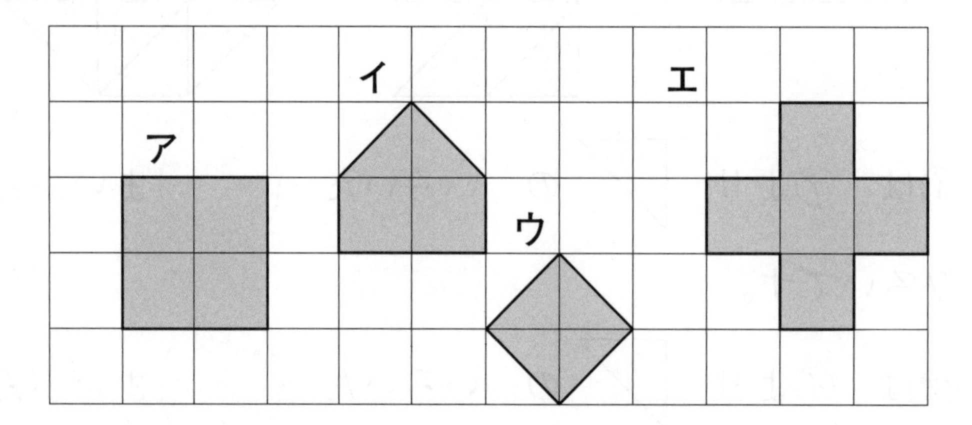

（　　→　　→　　→　　）

3 じんとりあそびを　して　います。ひろく　ぬった　ほうが　かちです。

(1) さつきさんと　ゆうとさんが，たいせん　しました。どちらが　かちましたか。(15てん)

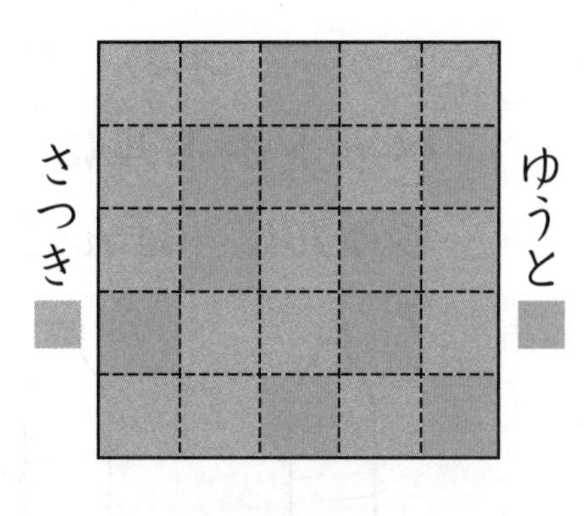

(　　　　　)

(2) ともこさんと　たくみさんが，たいせん　して　いる　とちゅうです。あと　4ます　のこっています。

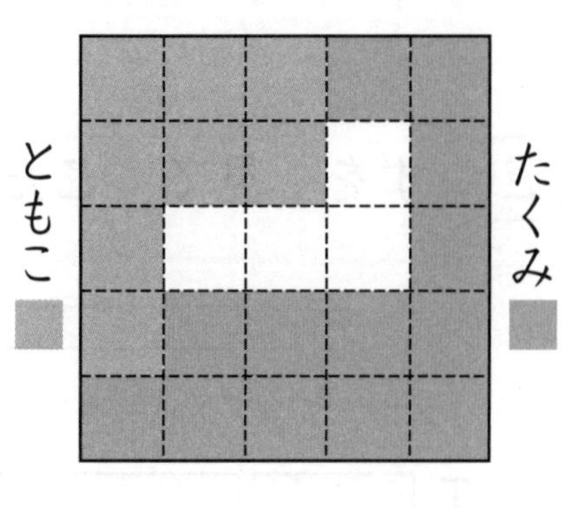

① 右(みぎ)の　ずで，どちらが　なんます　おおいですか。(15てん)

(　　　　　)が（　　）ます　おおい。

② 右上(うえ)の　ずを　見(み)て，あきらさんは「たくみさんがかちます。」と　いいました。まだ　ぜんぶの　ますが　ぬられて　いないのに　たくみさんが　かつと　わかった　りゆうを　かきましょう。(20てん)

チャレンジテスト⑤

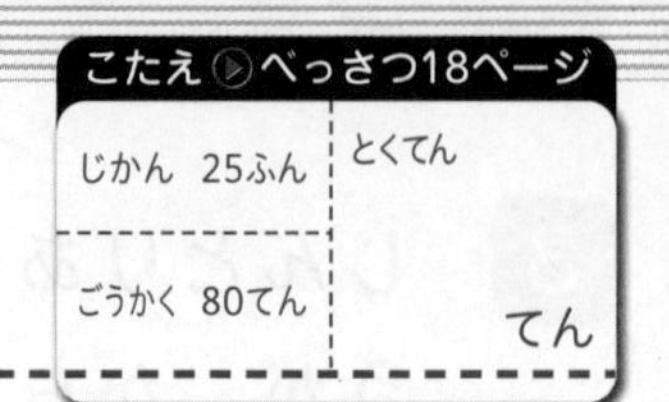

1 アから オの ひもが あります。おなじ ふとさの ペットボトルに まきつけました。ひもの ながい じゅんに ばんごうを かきましょう。(15てん)

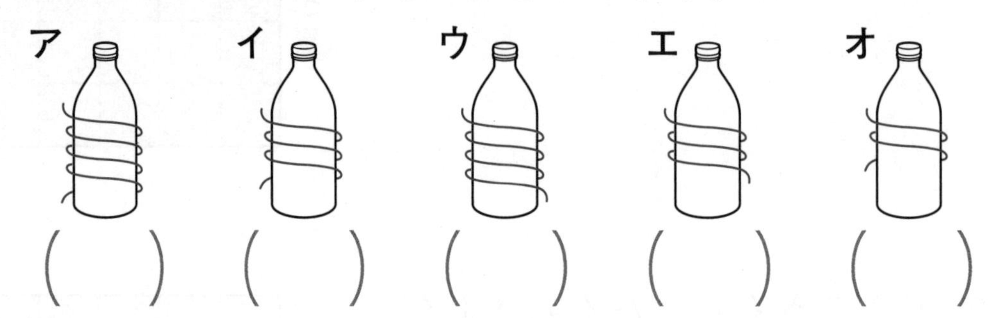

ア（　　）　イ（　　）　ウ（　　）　エ（　　）　オ（　　）

2 ずを 見(み)て こたえましょう。(45てん/1つ15てん)

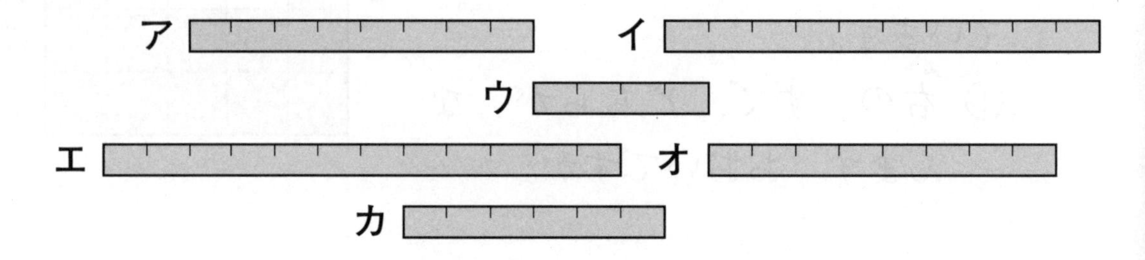

(1) アと おなじ ながさは どれですか。

（　　　）

(2) ウと カを あわせた ながさは どれと おなじに なりますか。

（　　　）

(3) エの はんぶんの ながさは どれと おなじに なりますか。

（　　　）

3 おなじ 大きさの コップを つかって，はいる 水の かさを くらべます。おおく はいる じゅんに ばんごうを かきましょう。(20てん)

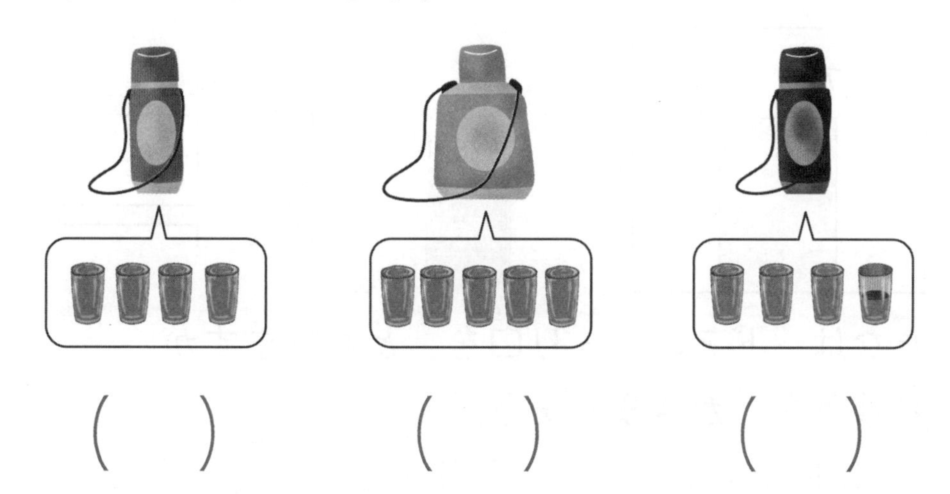

(　　)　(　　)　(　　)

4 ㋐の タイルを 4まい，㋑の タイルを 8まい，㋒の タイルを 6まい しきつめると，どれも おなじ ひろさに なりました。(20てん)

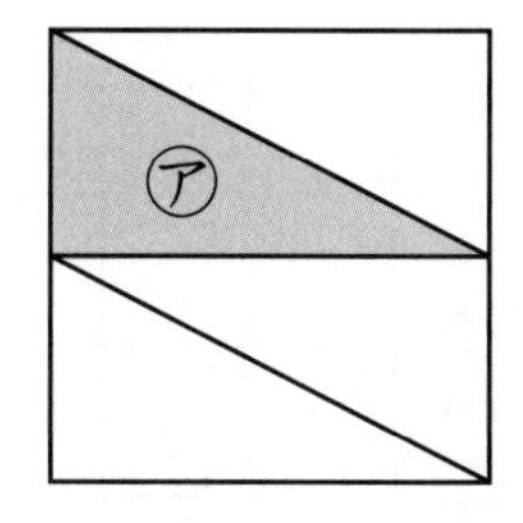

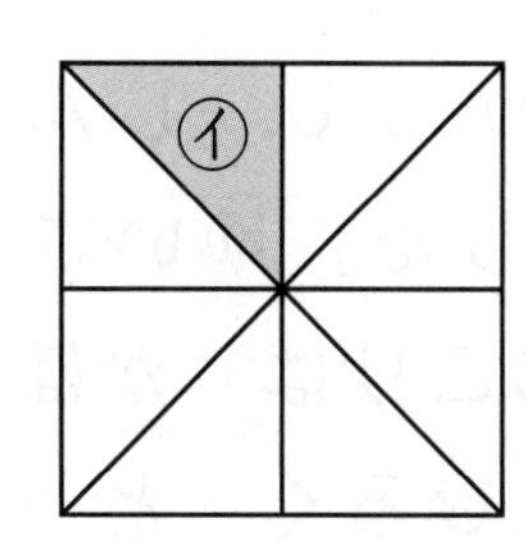

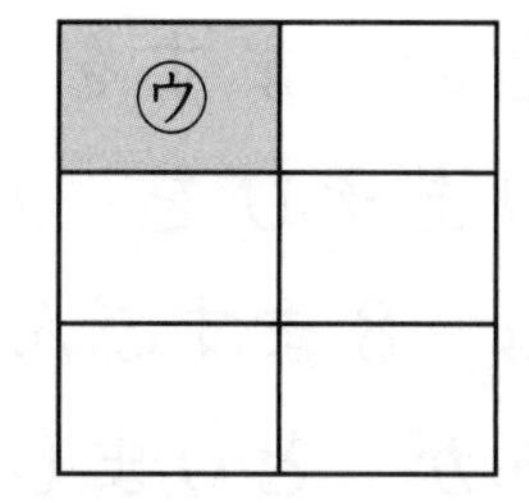

1まいの ひろさが ひろい じゅんに ばんごうを かきましょう。

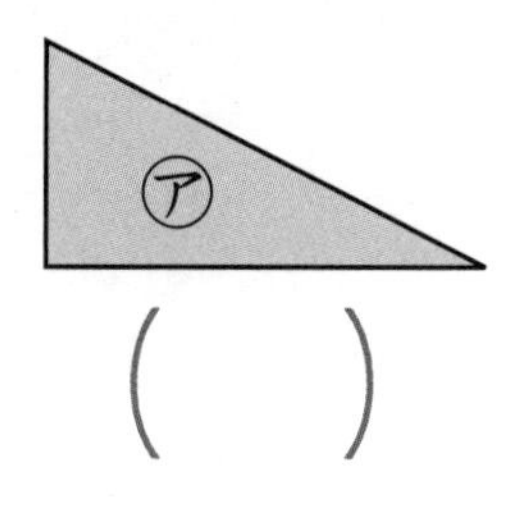

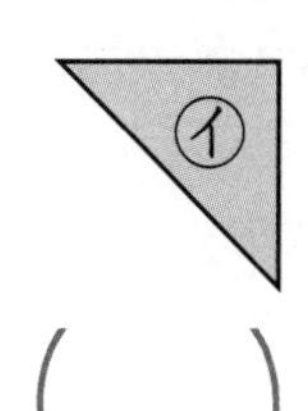

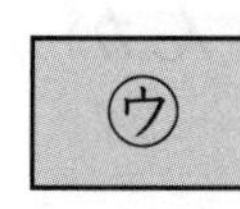

(　　)　(　　)　(　　)

チャレンジテスト⑥

こたえ▶べっさつ19ページ

じかん　25ふん	とくてん
ごうかく　80てん	てん

1　ながさを　テープに　うつしとりました。

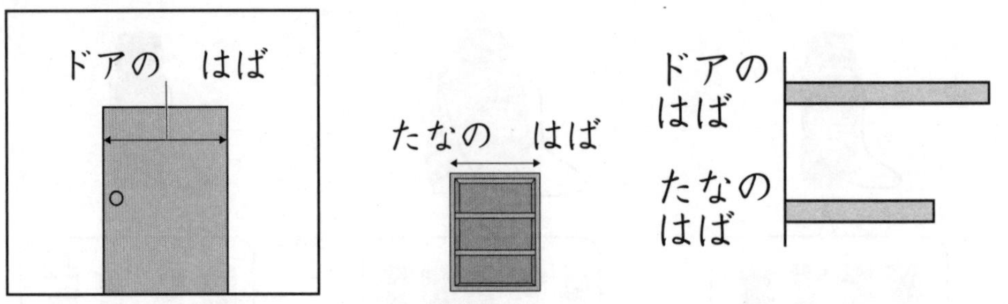

たなは　ドアの　入り口を　とおりますか。
りゆうも　かきましょう。

（　とおります　・　とおりません　）。(5てん)

↑あてはまる　ほうを　○で　かこみましょう。

（りゆう）

(15てん)

2　右の　ますを　つかって　じんとりあそびを　しました。ゆいさんは　8ますぶん，のこりは　かほさんが　とりました。ひろく　とったのは　どちらですか。りゆうも　かきましょう。

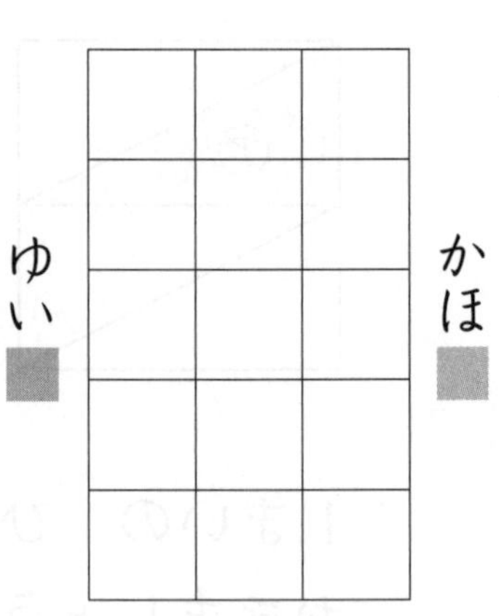

（　　　　）さんが　ひろい。(5てん)

（りゆう）

(15てん)

3 水(みず)が　おおく　はいって　いる　じゅんに　ばんごうを　かきましょう。(15てん)

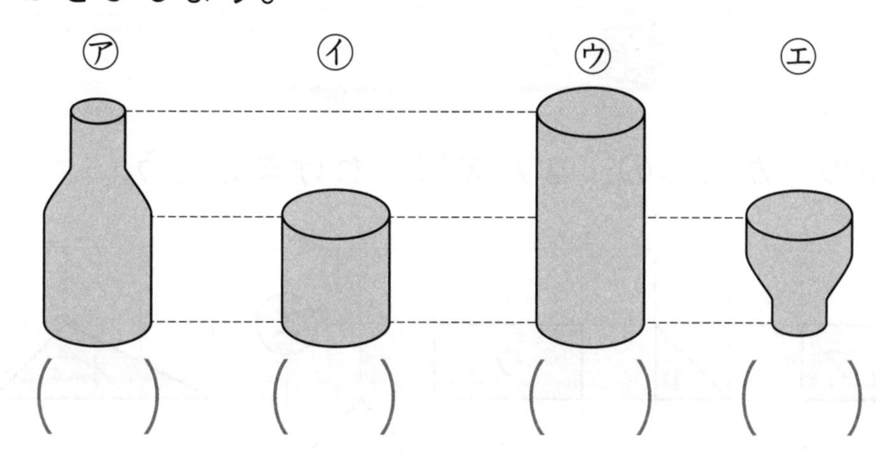

(　　)　(　　)　(　　)　(　　)

4 コーヒーが　コップに　7はいぶん，ぎゅうにゅうが　コップに　5はいぶん　あります。(30てん/1つ15てん)

(1) コーヒーと　ぎゅうにゅうでは，どちらが　コップ　なんばいぶん　おおいですか。

(　　　　　　　　　　)

(2) コーヒーと　ぎゅうにゅうを　あわせて　コーヒーぎゅうにゅうを　つくります。コーヒーぎゅうにゅうは　コップ　なんばいぶん　できますか。

(　　　　)

5 ジュースが　コップ　10ぱいぶん　ありました。この　ジュースを　きょう　コップ　3ばいぶん　のみました。あした　コップ　4はいぶん　のむと，のこりの　ジュースは　コップ　なんばいぶんに　なりますか。(15てん)

(　　　　)

こたえ▶べっさつ20ページ

14 いろいろな　かたち

標準クラス

1 4つの　かたちの　なかまに　わけましょう。

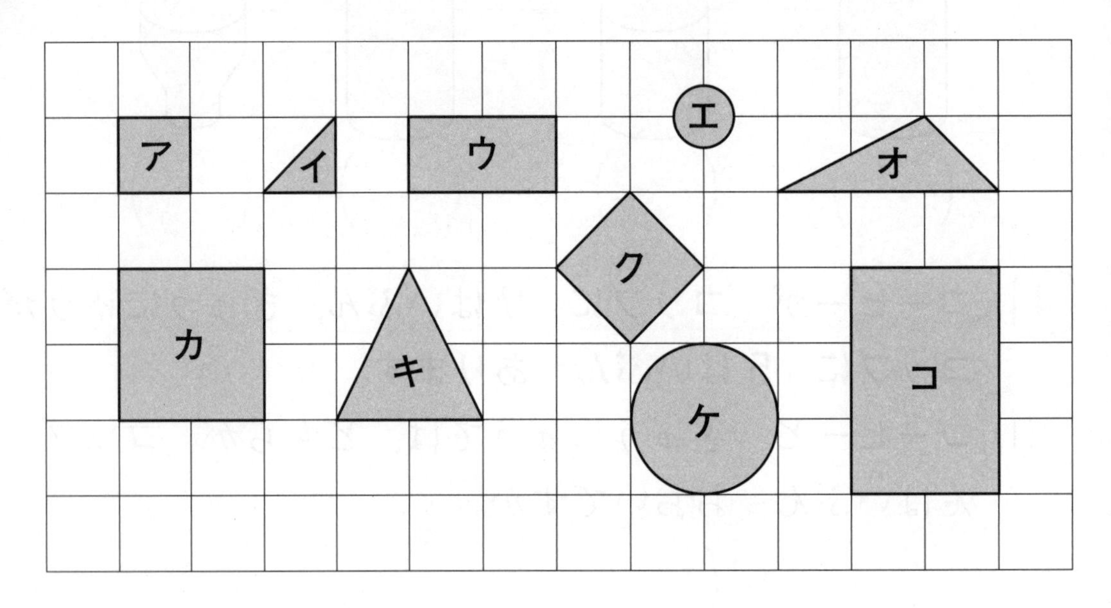

(1) まるの　なかま　（　　　　　）

(2) さんかくの　なかま　（　　　　　）

(3) ましかくの　なかま　（　　　　　）

(4) ながしかくの　なかま　（　　　　　）

2 さんかくと　いう　かたちを　しらべます。

(1) □に　あてはまる　かずを　かきましょう。

さんかくには　かどが　□つ　あります。

さんかくは　□本(ぼん)の　まっすぐな　せんで　かこまれて　います。

(2) ●と　●を　せんで　つないで，いろいろな　さんかくを　3つ　かきましょう。

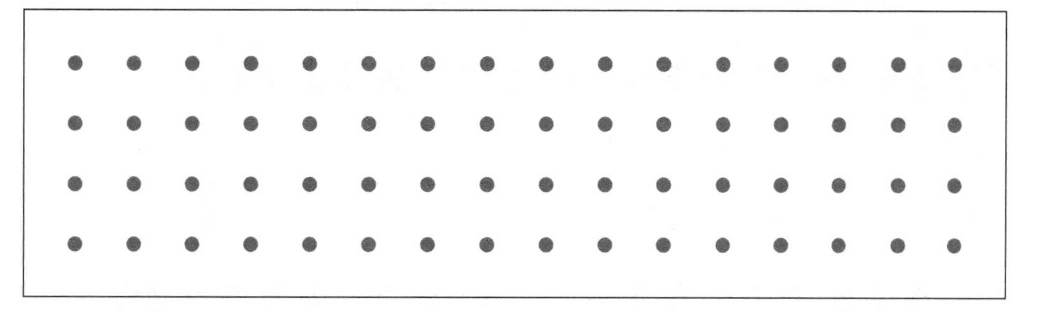

3 しかくと　いう　かたちを　しらべます。

(1) □に　あてはまる　かずを　かきましょう。

しかくには　かどが　□つ　あります。

しかくは　□本(ほん)の　まっすぐな　せんで　かこまれて　います。

(2) ●と　●を　せんで　つないで，ましかくと　ながしかくを　1つずつ　かきましょう。

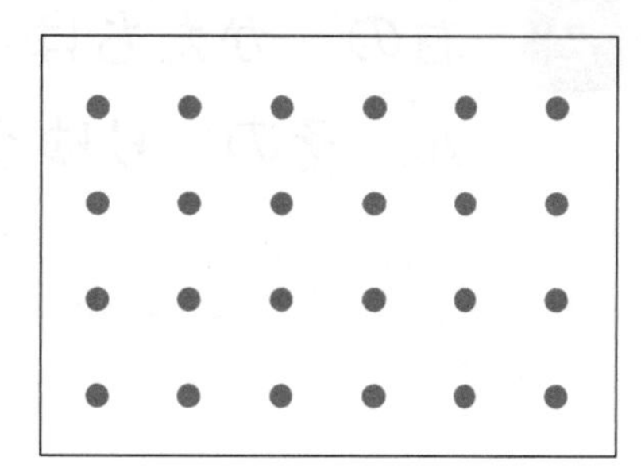

14 いろいろな かたち ハイクラス

こたえ▶べっさつ20ページ

じかん 25ふん　ごうかく 80てん　とくてん　てん

1 下(した)の ずを 見(み)て，こたえましょう。(30てん/1つ10てん)

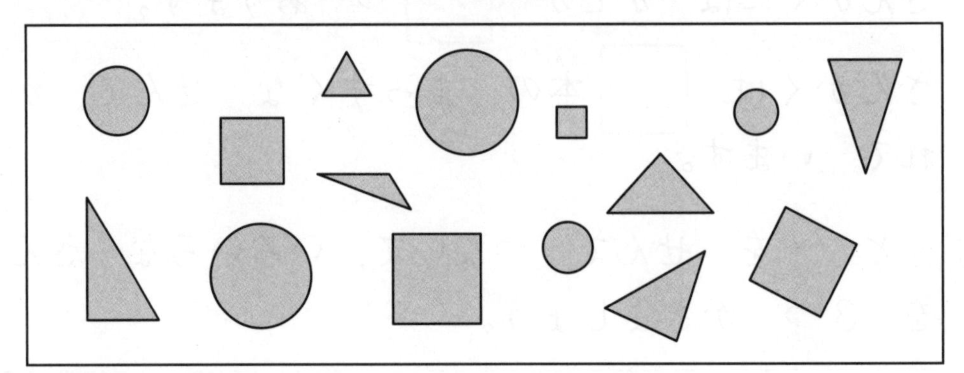

(1) まるの なかまは いくつ ありますか。

(　　　)

(2) さんかくの なかまは いくつ ありますか。

(　　　)

(3) しかくの なかまは いくつ ありますか。

(　　　)

2 右(みぎ)の かたちは さんかくでは ありません。その りゆうを かきましょう。(15てん)

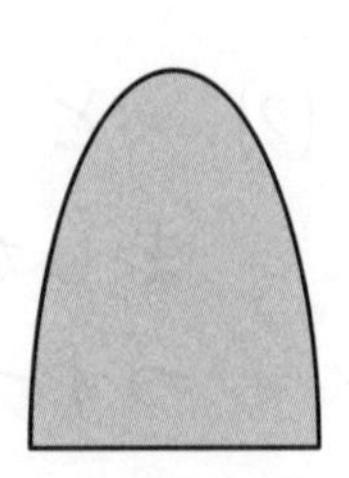

3 下の　ずから，アの　かみの　かたちを　こたえましょう。また，その　りゆうも　かきましょう。

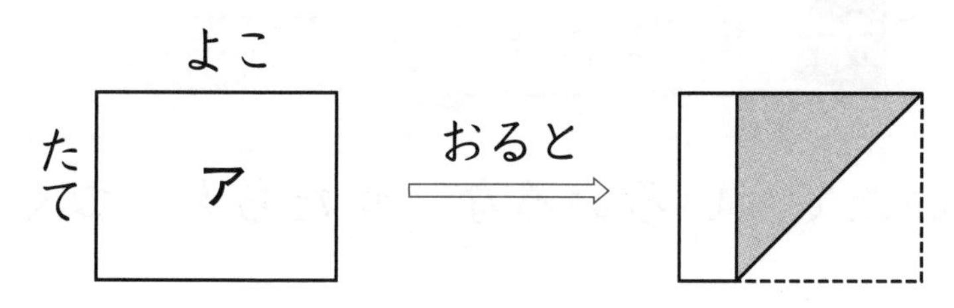

かたちは（　ましかく　・　ながしかく　）。(10てん)

└あてはまる　ほうを　○で　かこみましょう。

（りゆう）

____

____

(15てん)

4 •と　•を　せんで　つないで，つぎの　かたちと　おなじ　かたちを　かきましょう。(30てん/1つ10てん)

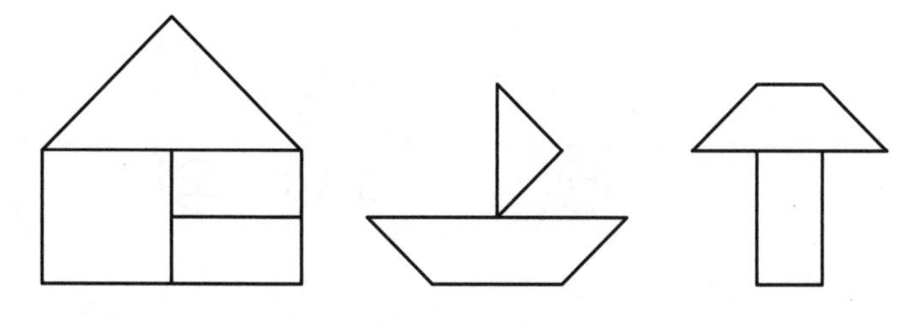

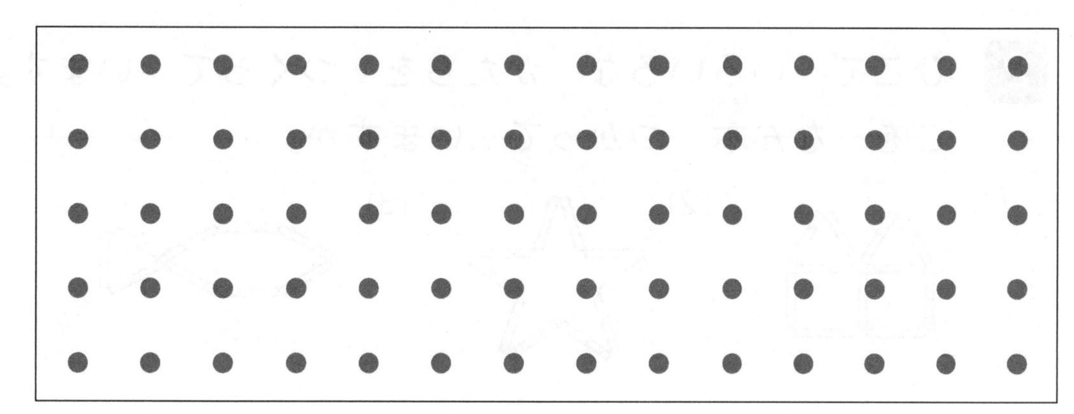

こたえ▶べっさつ21ページ

15 かたちづくり

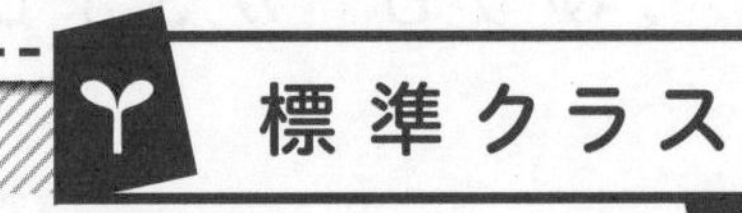

1 ◢の　いろいたで，いろいろな　かたちを　つくって　います。

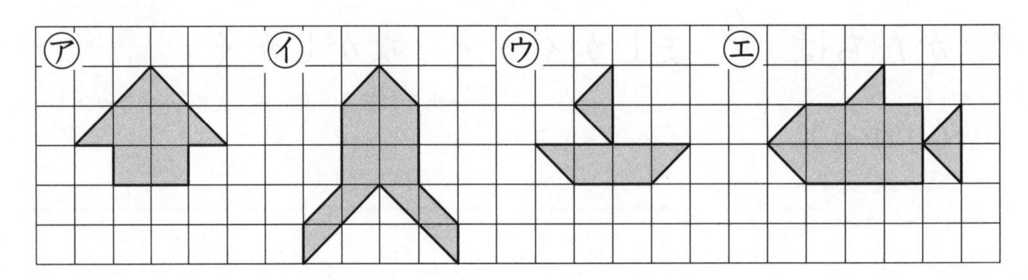

(1) なんまい　つかって　できて　いるかが　わかるように　上(うえ)の　㋐から　㋓の　ずに　せんを　かき入(い)れましょう。

(2) ◢の　いろいたを　なんまい　つかって　いますか。

㋐(　　)まい　㋑(　　)まい

㋒(　　)まい　㋓(　　)まい

2 ひごで　いろいろな　かたちを　つくって　います。ひごを　なん本(ぼん)　つかって　いますか。

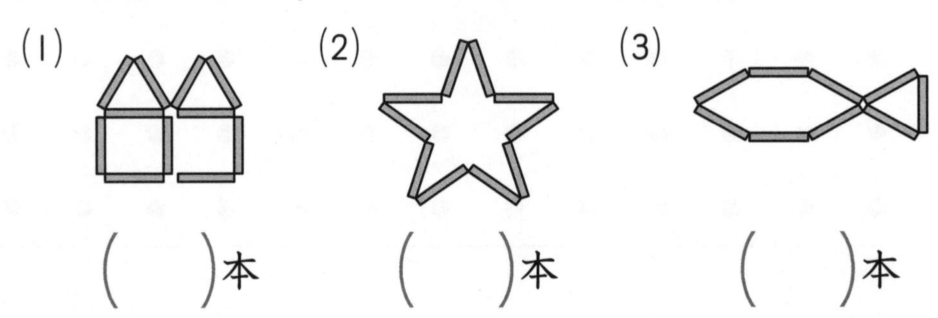

(1) (　　)本　(2) (　　)本　(3) (　　)本

3 いろいたを　１まい　うごかして，左の　かたちを，右の　かたちに　かえました。うごかした　いろいたの　ばんごうを　（　）に　かきましょう。

(1)

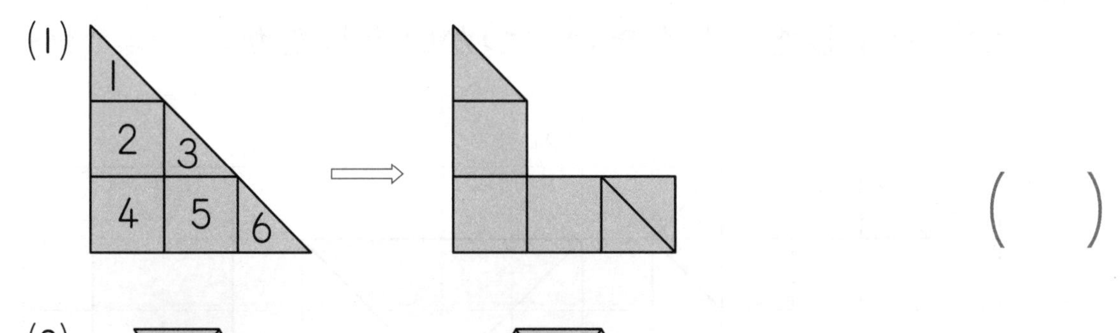

（　　）

(2)

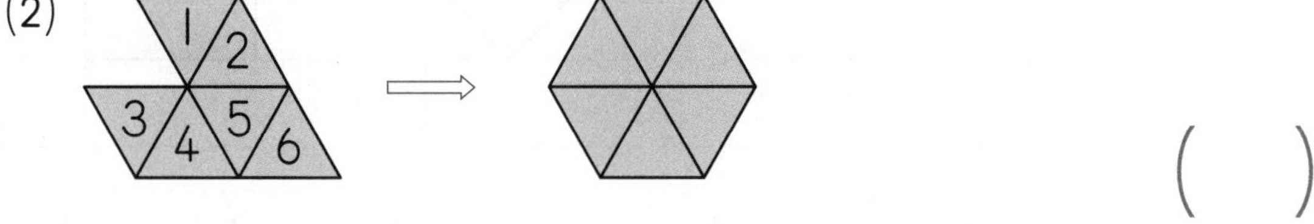

（　　）

4 おりがみを　はんぶんに　おって，いろの　ついた　せんの　ところで　きります。ひろげると，どんな　かたちが　いくつ　できますか。（　）に　かずを　かきましょう。

(1)

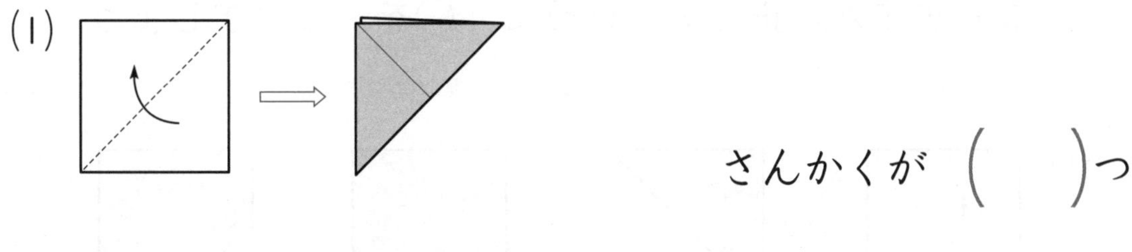

さんかくが（　　）つ

(2)

ながしかくが（　　）つ

(3)

さんかくが（　　）つ

こたえ▶べっさつ21ページ

15 かたちづくり ハイクラス

じかん 25ふん　ごうかく 80てん　とくてん　てん

1 ㋐の　いろいたを　なんまいか　つかって，かたちを　つくりました。なんまい　つかいましたか。(18てん/1つ6てん)

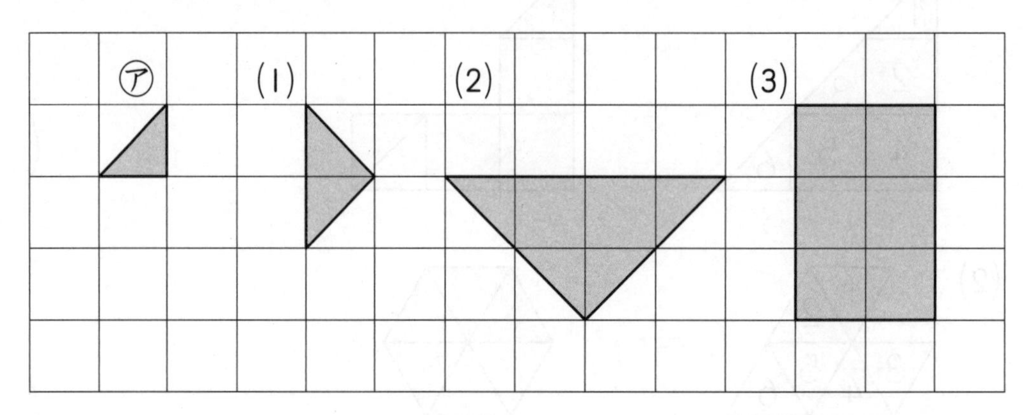

(1)(　　)まい　(2)(　　)まい　(3)(　　)まい

2 おりがみを　はんぶんに　おって，赤い　せんの　ところで　きりとります。ひろげると，どんな　かたちに　なりますか。正しい　ほうに　○を　つけましょう。

(18てん/1つ9てん)

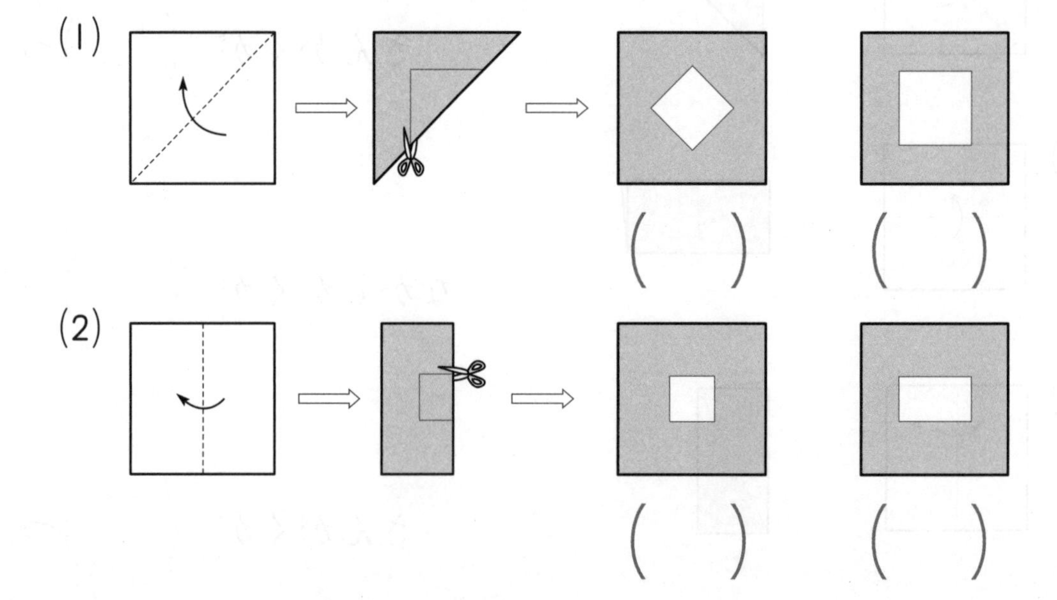

(1) (　　)　(　　)

(2) (　　)　(　　)

3 いろいたを　１まい　うごかして，左（ひだり）の　かたちを　右（みぎ）の　かたちに　かえます。うごかした　いろいたの　ばんごうを　（　）に　かきましょう。（27てん／1つ9てん）

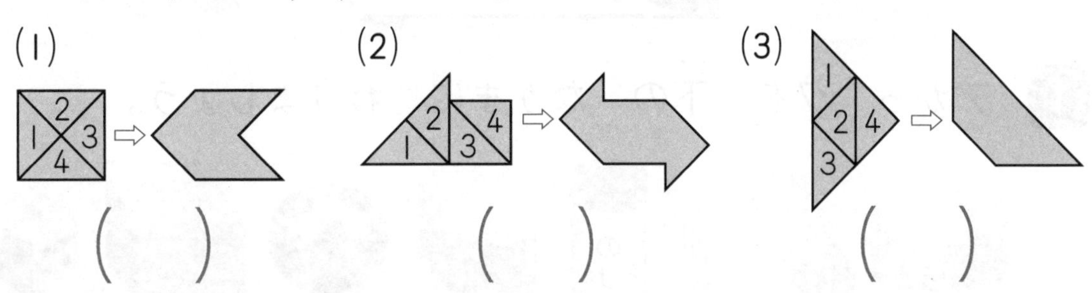

（1）（　　）　（2）（　　）　（3）（　　）

4 ひごを　なん本（ぼん）か　うごかして，下（した）の　かたちを　つくります。うごかした　ひごに　○を　つけましょう。

（27てん／1つ9てん）

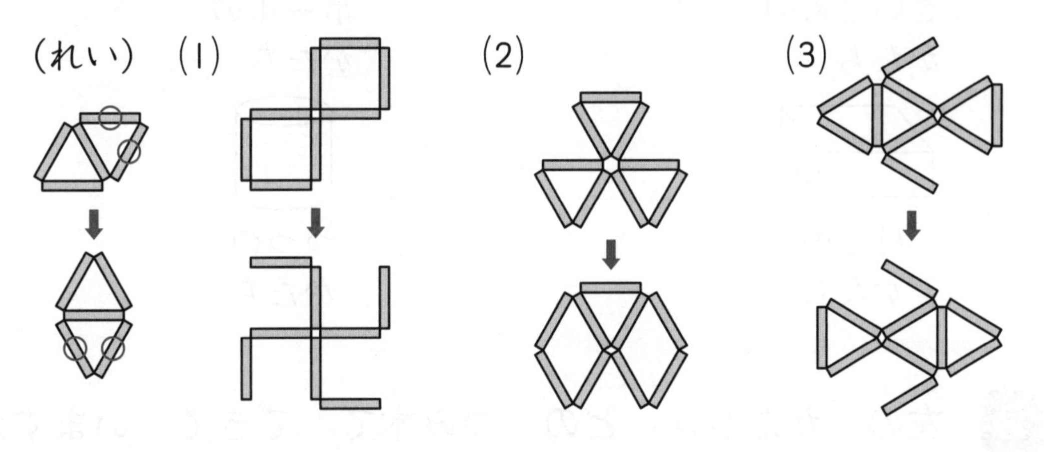

5 ㋐を　４まい　つかって，㋑を　つくりました。どのように　つかったかが　わかるように　•と　•を　せんで　つなぎましょう。（10てん）

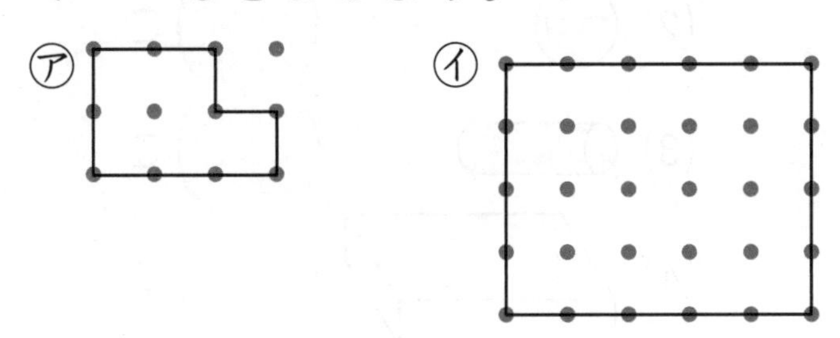

こたえ▶べっさつ22ページ

16 つみ木と　かたち

1 アから　クを　下の　なかまに　わけましょう。

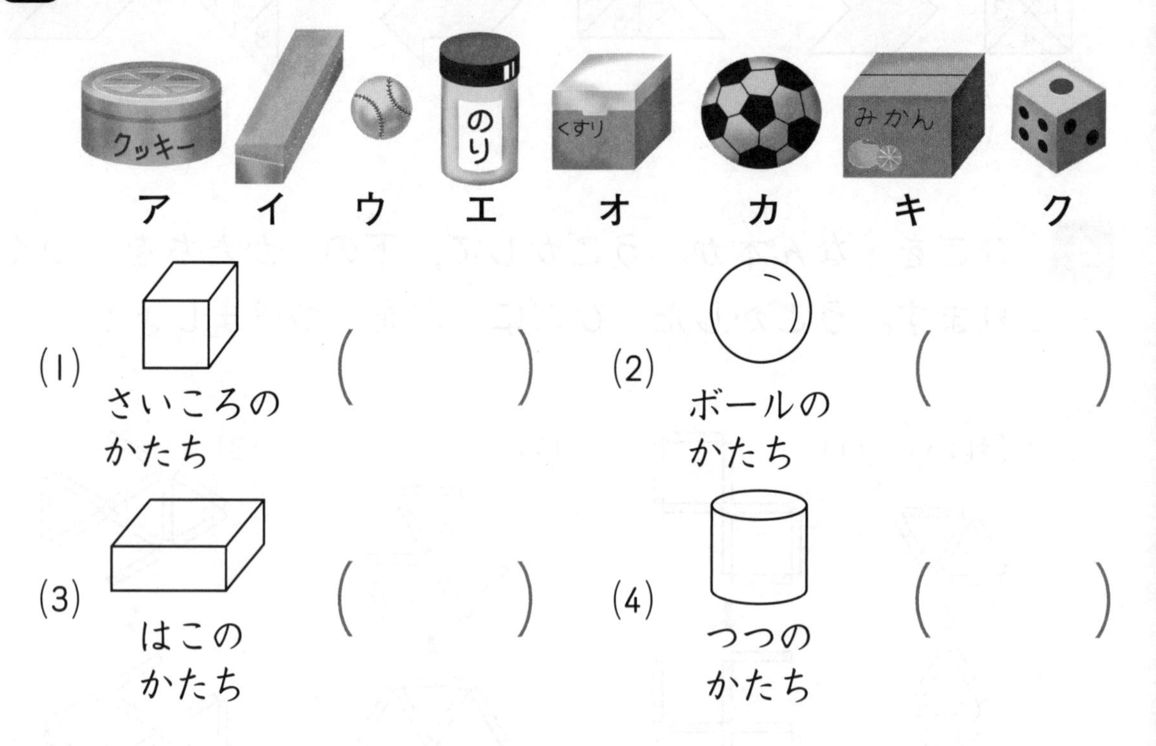

2 左の　かたちは　どの　つみ木で　できて　いますか。つかって　いる　かずを　かきましょう。

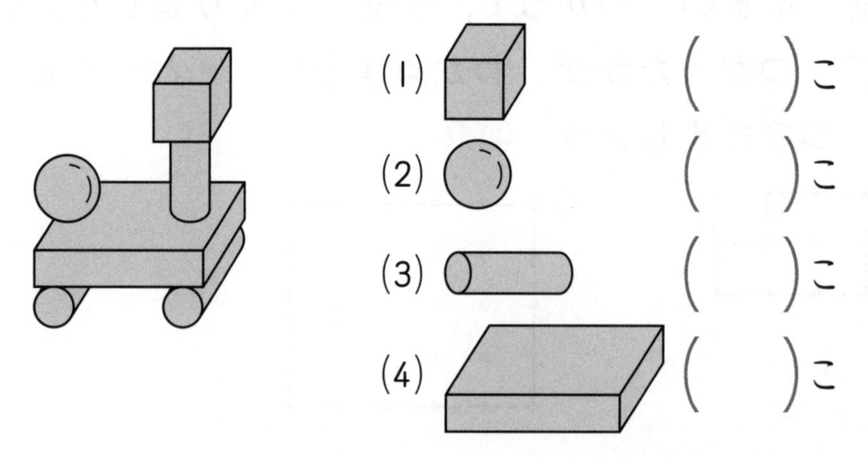

3 つみ木を　かみの　上(うえ)に　おいて，すべての　かたちを　うつしとります。

ア 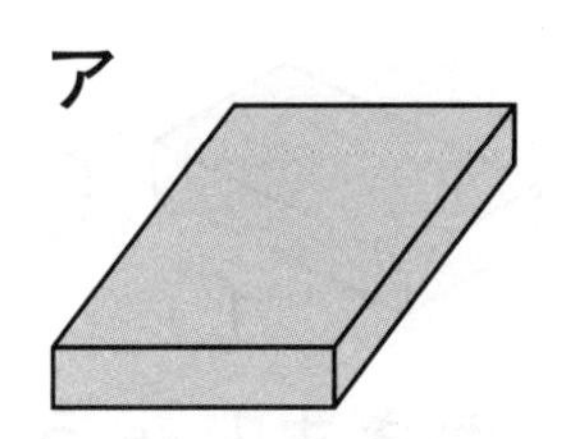
イ 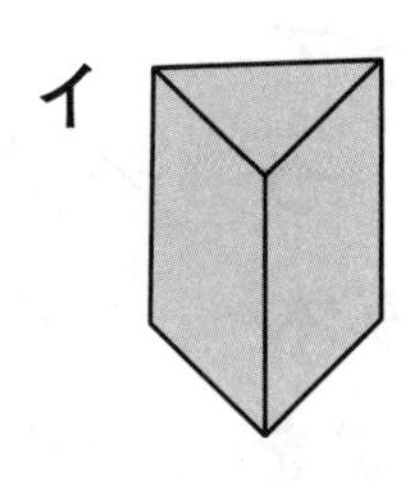
ウ 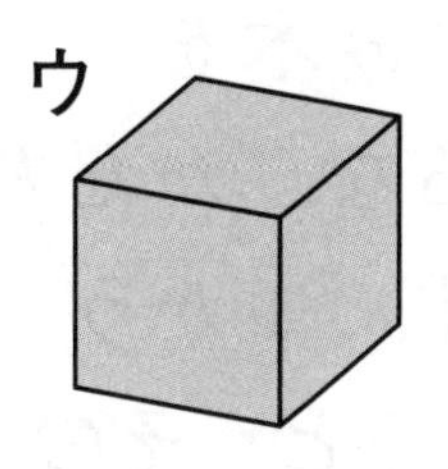
エ 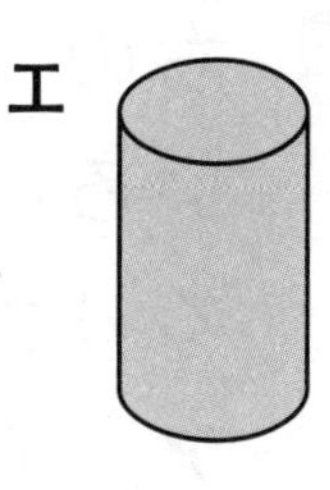

(1) さんかくが　うつしとれる　かたちは　どれですか。

（　　　　）

(2) まるが　うつしとれる　かたちは　どれですか。

（　　　　）

(3) ましかくだけが　うつしとれる　かたちは　どれですか。

（　　　　）

(4) ながしかくが　うつしとれる　かたちは　どれと　どれですか。

（　　）と（　　）

4 つつの　かたちと　ボールの　かたちは　どんな　ところが　ちがいますか。

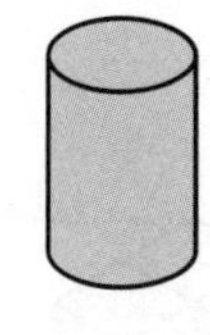
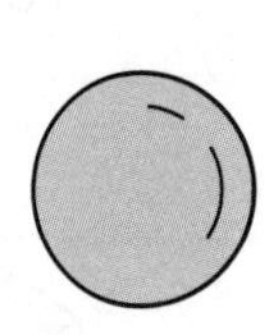

____

____

____

こたえ▶べっさつ22ページ

16 つみ木と かたち

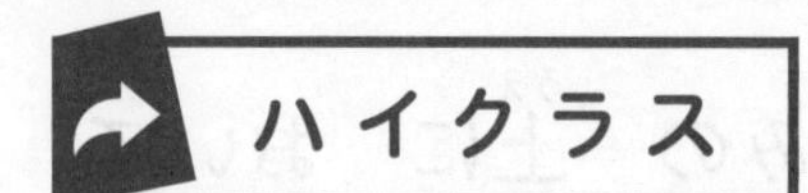

じかん 25ふん	とくてん
ごうかく 80てん	てん

1 右の つみ木を つかって いろいろな かたちを つくります。つかう つみ木 ア，イ，ウと その かずを □に かきましょう。

ア　イ　ウ

(18てん/1つ6てん)

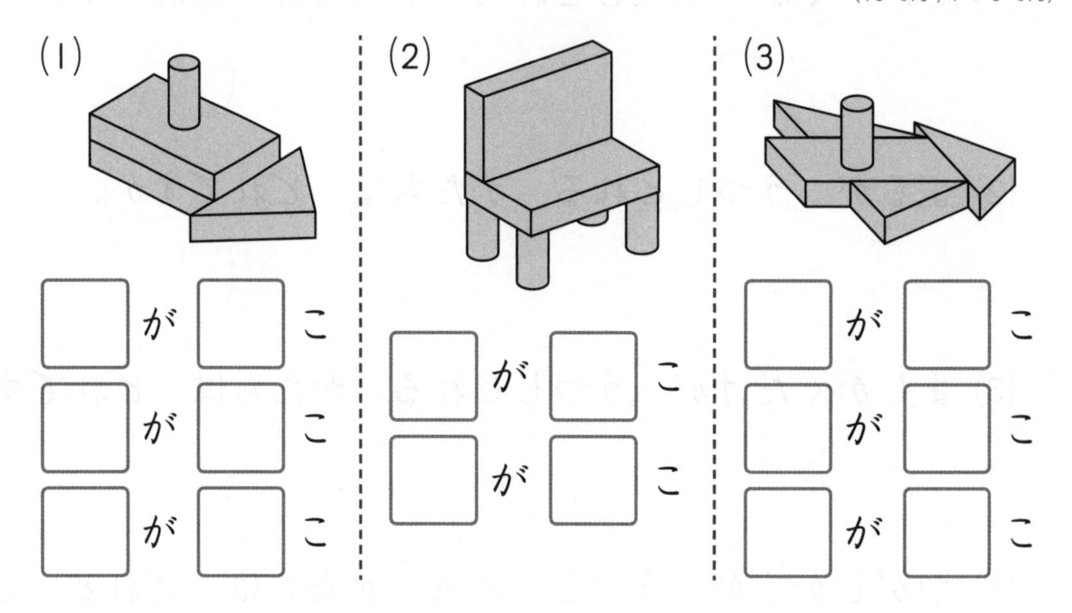

(1)
□ が □ こ
□ が □ こ
□ が □ こ

(2)
□ が □ こ
□ が □ こ

(3)
□ が □ こ
□ が □ こ
□ が □ こ

2 つぎの かたちを つくるには，□の つみ木が なんこ いりますか。(40てん/1つ10てん)

(1)　(2)　(3)　(4)

(　　)　(　　)　(　　)　(　　)

3 つみ木を　かみの　上(うえ)に　おいて，すべての　かたちを　うつしとりました。(　)に　かずを　かきましょう。

(20てん/1つ10てん)

(1)

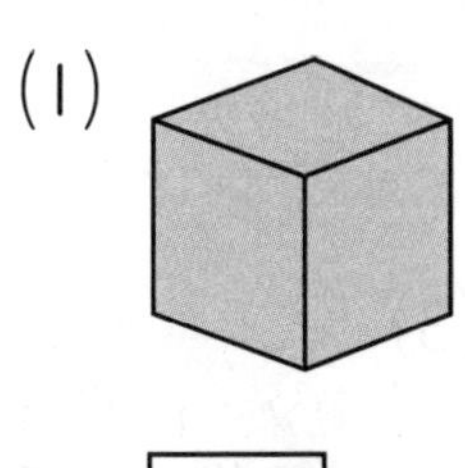

□が（　　）つ

(2)

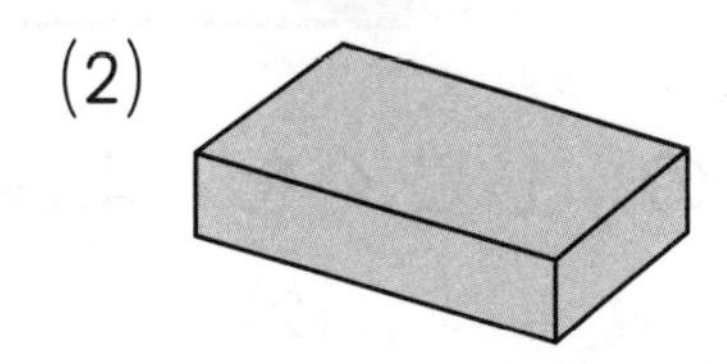

□が（　　）つ

□が（　　）つ

□が（　　）つ

4 はこの　かたちと　つつの　かたちを　くらべます。(22てん/1つ11てん)

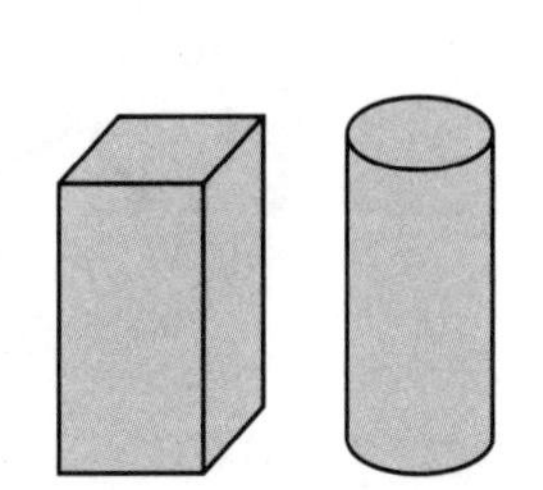

(1) ちがう　ところは　どこですか。

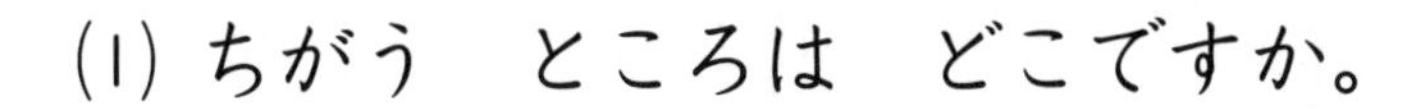

(2) にて　いる　ところは　どこですか。

こたえ▶べっさつ23ページ

17 とけい

標準クラス

1 とけいの　じこくを　よみましょう。

(1)

(　　　　　)

(2)

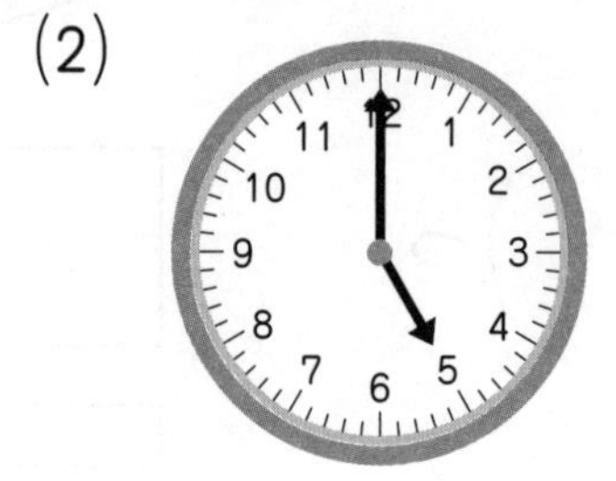

(　　　　　)

(3)

(　　　　　)

(4)

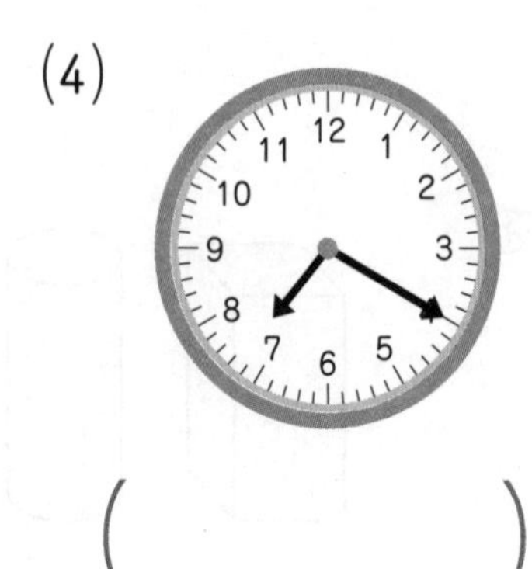

(　　　　　)

(5)

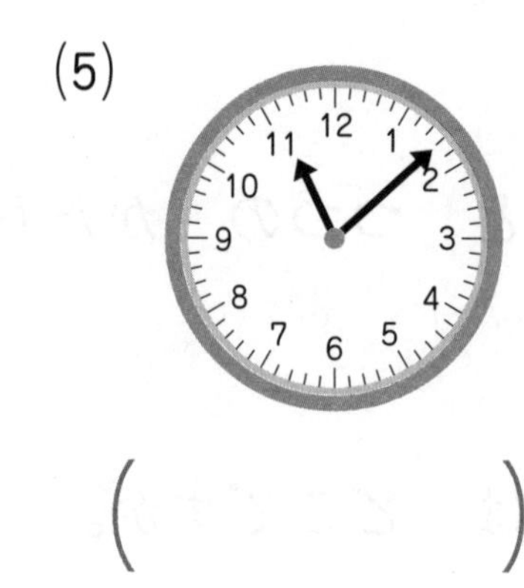

(　　　　　)

(6)

(　　　　　)

2 ながい　はりを　かきましょう。

(1)

10じ

(2)

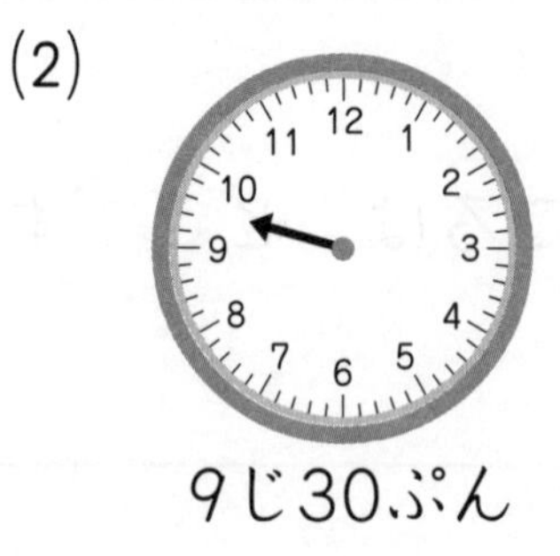

9じ30ぷん

(3)

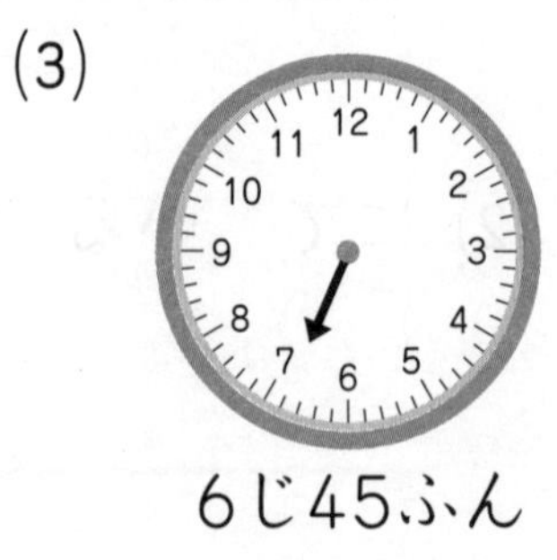

6じ45ふん

3 □に　あてはまる　すう字や　きごうを　かきましょう。

(1) 9じ40ぷんの　とき，みじかい　はりは　□　と　□　の　あいだを　さして　います。

(2) 下の　とけいで，10じを　すこし　すぎて　いるのは　□，もう　すこしで　10じの　とけいは　□　です。

ア 
イ 
ウ 

4 あきとさんは，2じから　4じまで　本を　よみました。

(1) とけいの　はりを　かきましょう。

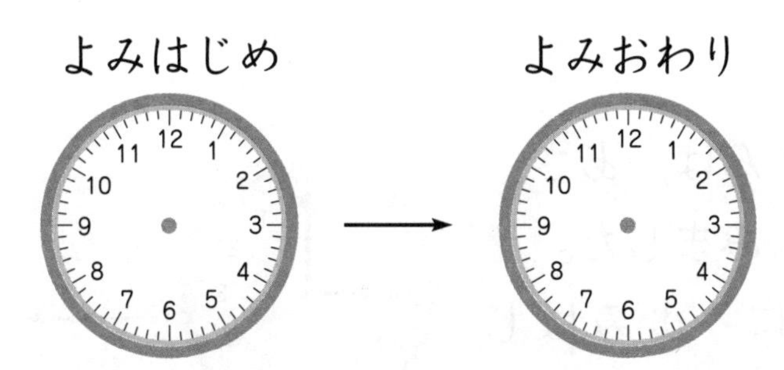

(2) あきとさんは　本を　よんで　いる　あいだに　1かい　とけいを　見ました。その　ときの　とけいを　下から　えらんで　きごうで　こたえましょう。

ア 
イ 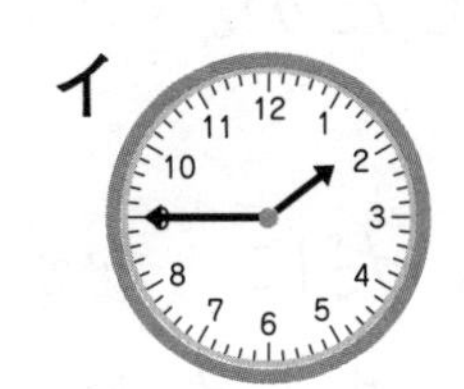
ウ 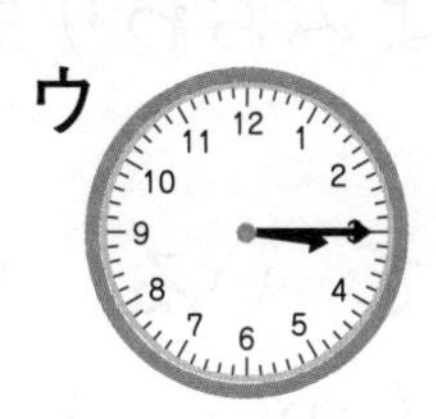

(　　　)

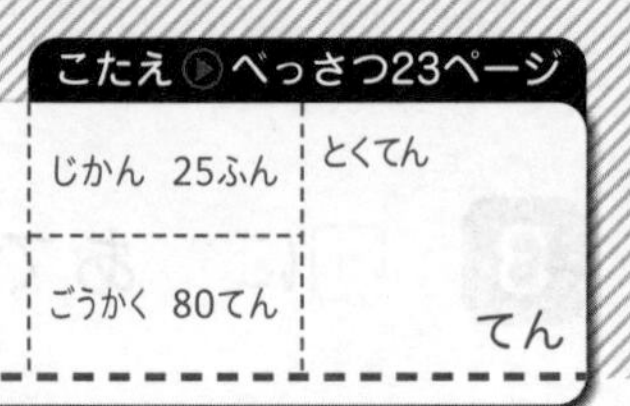

17 とけい

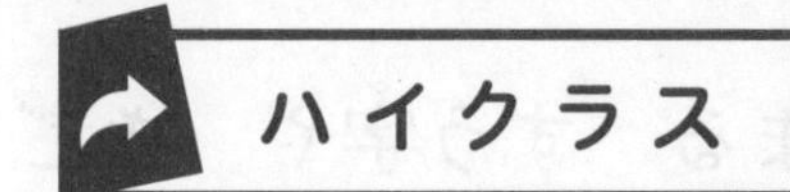

1 とけいの　はりを　かきましょう。(36てん/1つ6てん)

(1)

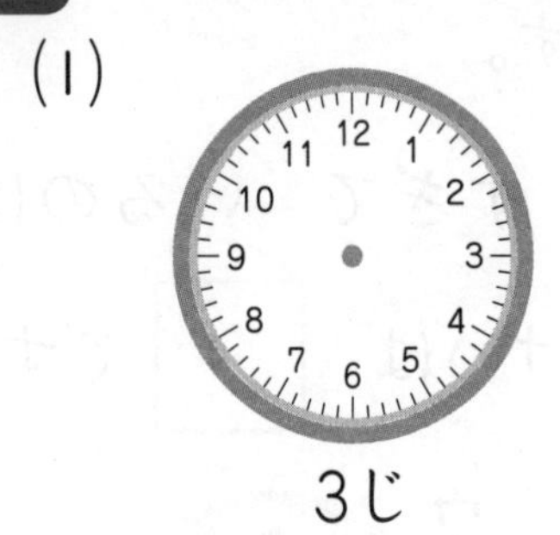

3じ

(2)

12じ

(3)

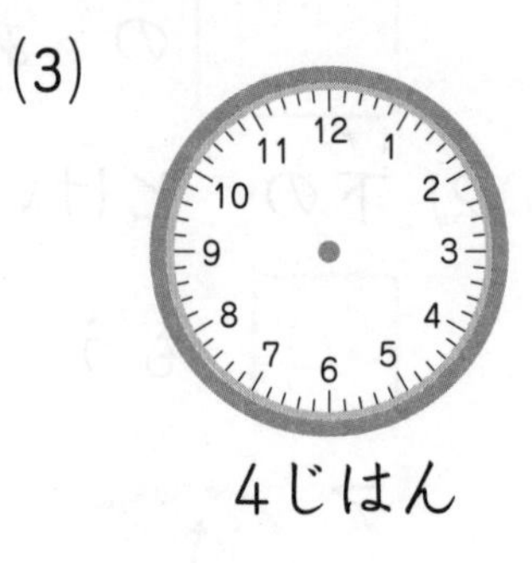

4じはん

(4)

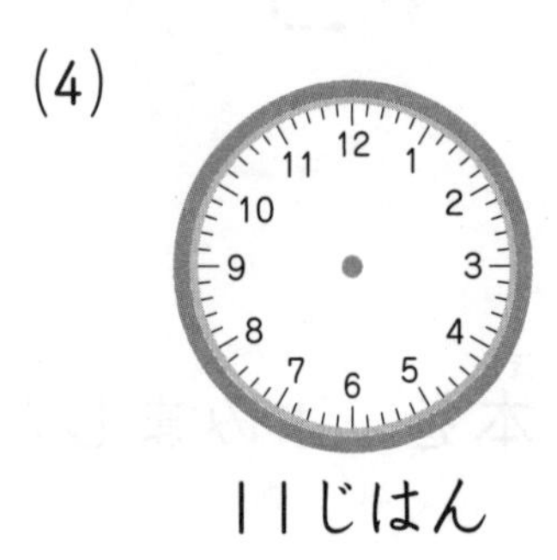

11じはん

(5)

7じ15ふん

(6)

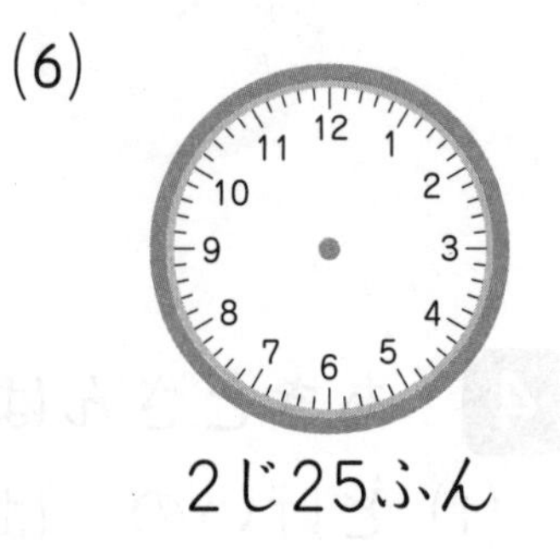

2じ25ふん

2 はるなさんは，あさ 本(ほん)を　よみました。

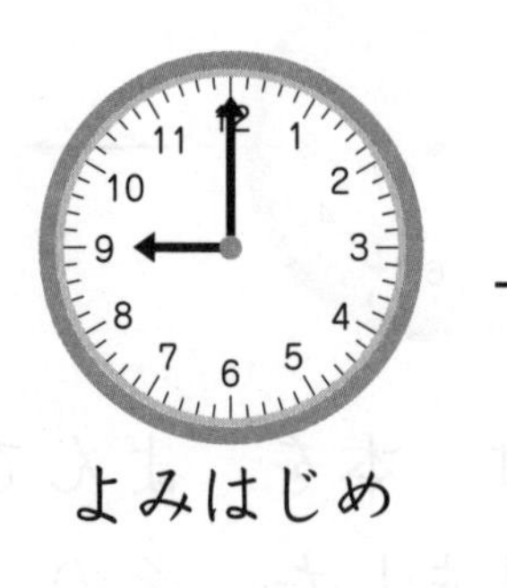

よみはじめ

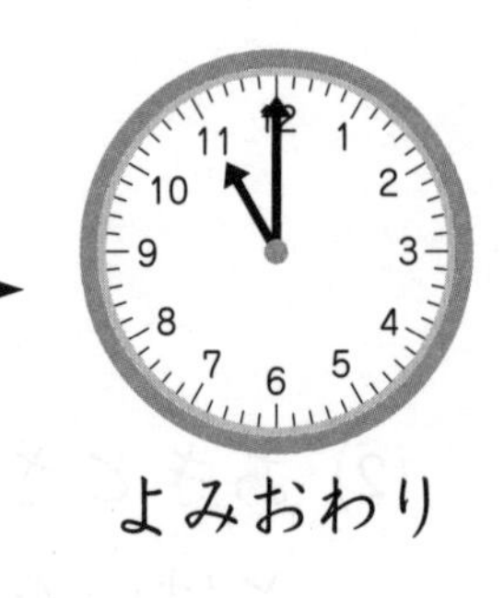

よみおわり

(1) なんじに　よみはじめましたか。(7てん)

(　　　　　)

(2) なんじに　よみおわりましたか。(7てん)　(　　　　　)

(3) 本を　よんで　いる　あいだに　ながい　はりは　なんかい　まわりましたか。(10てん)　(　　)かい

3 さなさんが　学校（がっこう）に　いきました。

(1) なんじなんぷんですか。（20てん/1つ5てん）

① ②

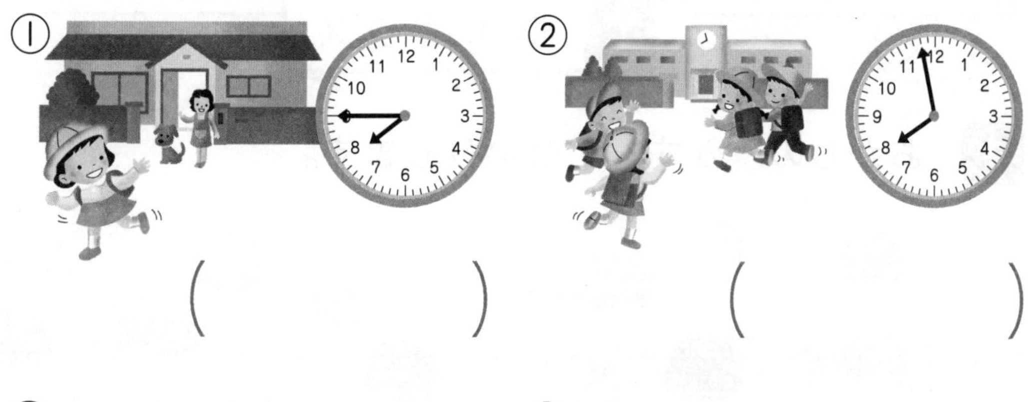

（　　　　）　（　　　　）

③ ④

（　　　　）　（　　　　）

(2) あさの　7じ50ぷんに　さなさんが　して　いた　ことが，下（した）の　**ア**から　**エ**の　中（なか）に　1つ　あります。どれですか。（10てん）

ア ねて　いた　　**イ** あるいて　いた

ウ 学校に　いた　　**エ** あさごはんを　たべて　いた

（　　）

(3) さなさんが　いえに　ついたのは，2じよりも　まえですか。2じよりも　あとですか。（10てん）

2じよりも（　まえ　・　あと　）。

↑あてはまる　ほうを　○で　かこみましょう。

こたえ▶べっさつ24ページ

18 せいりの　しかた

標準クラス

1 おかしの　かずを　せいりします。

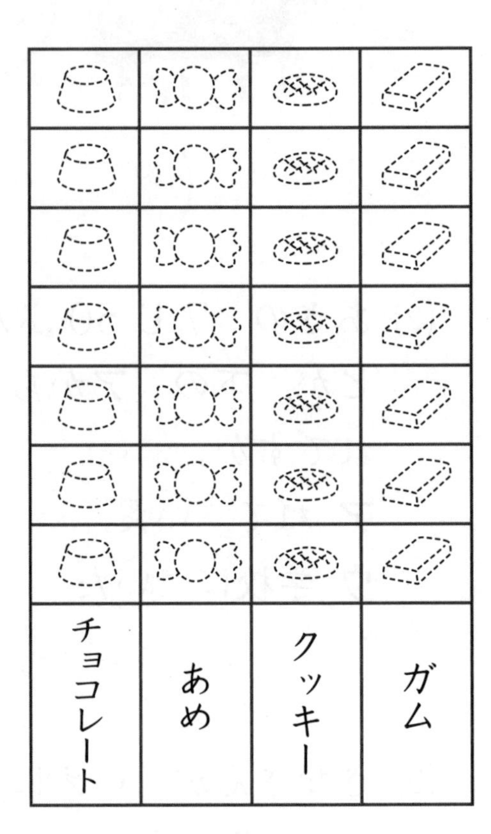

(1) おかしの　かずだけ　いろを　ぬりましょう。

(2) いちばん　おおい　おかしは　どれで　なんこですか。

（　　　　　　）で，（　　）こ

(3) 4こ　ある　おかしは　どれですか。

（　　　　　　）

(4) チョコレートと　ガムの　かずの　ちがいは　なんこですか。

（　　　　）こ

2 あやさんたちが　花を　そだてて　います。さいた　花の　かずを　しらべました。

あや	ゆみ	まき	ちか

(1) ゆみさんの　うえきばちの　えに　○を　つけましょう。

(2) さいた　花の　かずが　いちばん　すくないのは　だれですか。

（　　　　　）さん

(3) まきさんより　おおく，ゆみさんより　すくないのは　だれですか。

（　　　　　）さん

(4) 4人の　花を　あわせると，なんこ　さきましたか。

（　　　　　）こ

(5) 上の　グラフから　わかった　ことを　かきましょう。

＿＿＿＿＿＿＿＿＿＿＿＿＿＿＿＿＿＿＿＿

＿＿＿＿＿＿＿＿＿＿＿＿＿＿＿＿＿＿＿＿

こたえ▶べっさつ24ページ

18 せいりの しかた　ハイクラス

じかん 25ふん	とくてん
ごうかく 80てん	てん

1 ゆうとさんたちは　どんぐりひろいを　しました。ゆうとさんの　にっきを　よんで　みましょう。(30てん/1つ10てん)

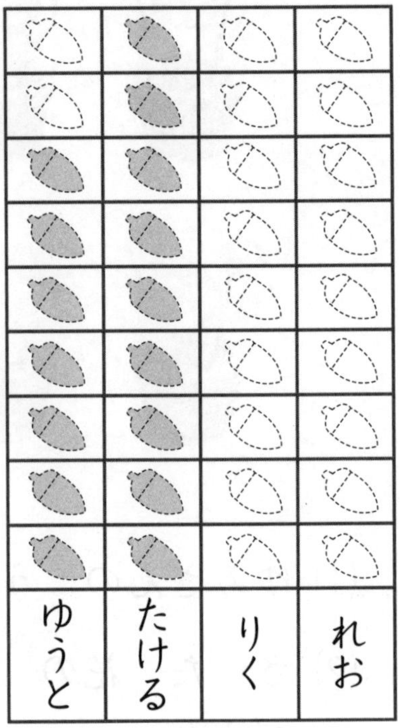

4人(にん)で　どんぐりひろいを　しました。
ぼくは　7こ　ひろいました。
たけるさんは，ぼくより □ こ　おおく　ひろいました。
ぼくは　りくさんより　3こ　おおかったです。
4人の　どんぐりを　あわせると　26こでした。

ゆうと	たける	りく	れお

(1) ゆうとさんの　にっきの　□に　あてはまる　かずを　かきましょう。

(2) りくさんと　れおさんの　どんぐりの　かずだけ　いろを　ぬりましょう。

(3) ゆうとさんと　れおさんでは　どちらが　なんこ　おおいですか。

(　　　　　　　　　　)

2 まおさんの　クラスの　みんなに，すきな　きせつを　Ｉつ　えらんで，●の　シールを　はって　もらいました。(70てん/1つ14てん)

(1) はるが　すきな　人(ひと)は　なん人(にん)ですか。

（　　　　）

(2) すきな　人が　いちばん　おおいのは　どの　きせつですか。

（　　　　）

(3) すきな　人が　いちばん　すくないのは　どの　きせつですか。

（　　　　）

	●		
●	●		
●	●		
●	●	●	
●	●	●	
●	●	●	●
●	●	●	●
●	●	●	●
はる	なつ	あき	ふゆ

(4) あきが　すきな　人と　はるが　すきな　人の　かずの　ちがいは　なん人ですか。

（　　　　）

(5) まおさんの　クラスは　みんなで　なん人ですか。

（　　　　）

こたえ▶べっさつ25ページ

じかん　25ふん　とくてん
ごうかく　80てん　てん

1　もんだいに　こたえましょう。

(1) あてはまる　かたちを，ばんごうで　こたえましょう。

(32てん/1つ8てん)

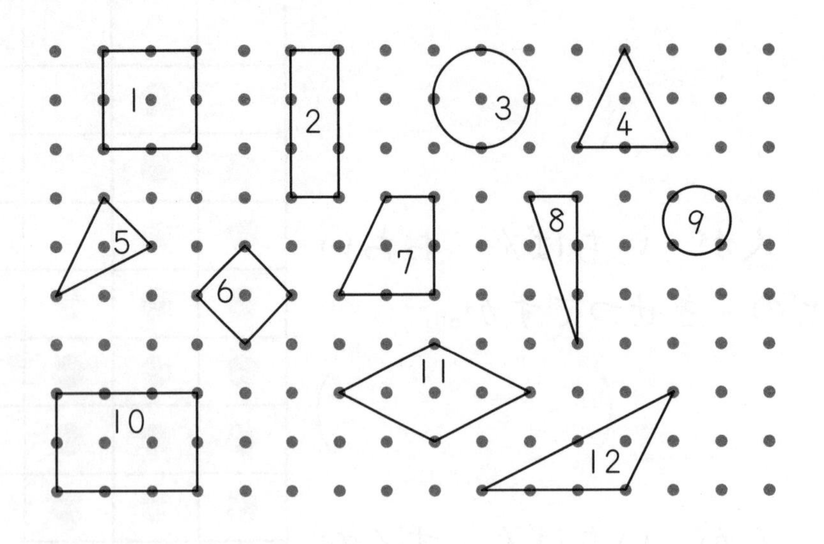

① さんかくの　なかま　(　　　　)

② まるの　なかま　(　　　　)

③ ましかくの　なかま　(　　　　)

④ ながしかくの　なかま　(　　　　)

(2) 右（みぎ）の　かたちに，・と　・を　むすんだ　せんを　かきたして，ましかく　1つと　ながしかく　1つに　わけましょう。(8てん)

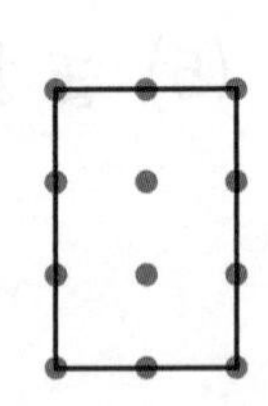

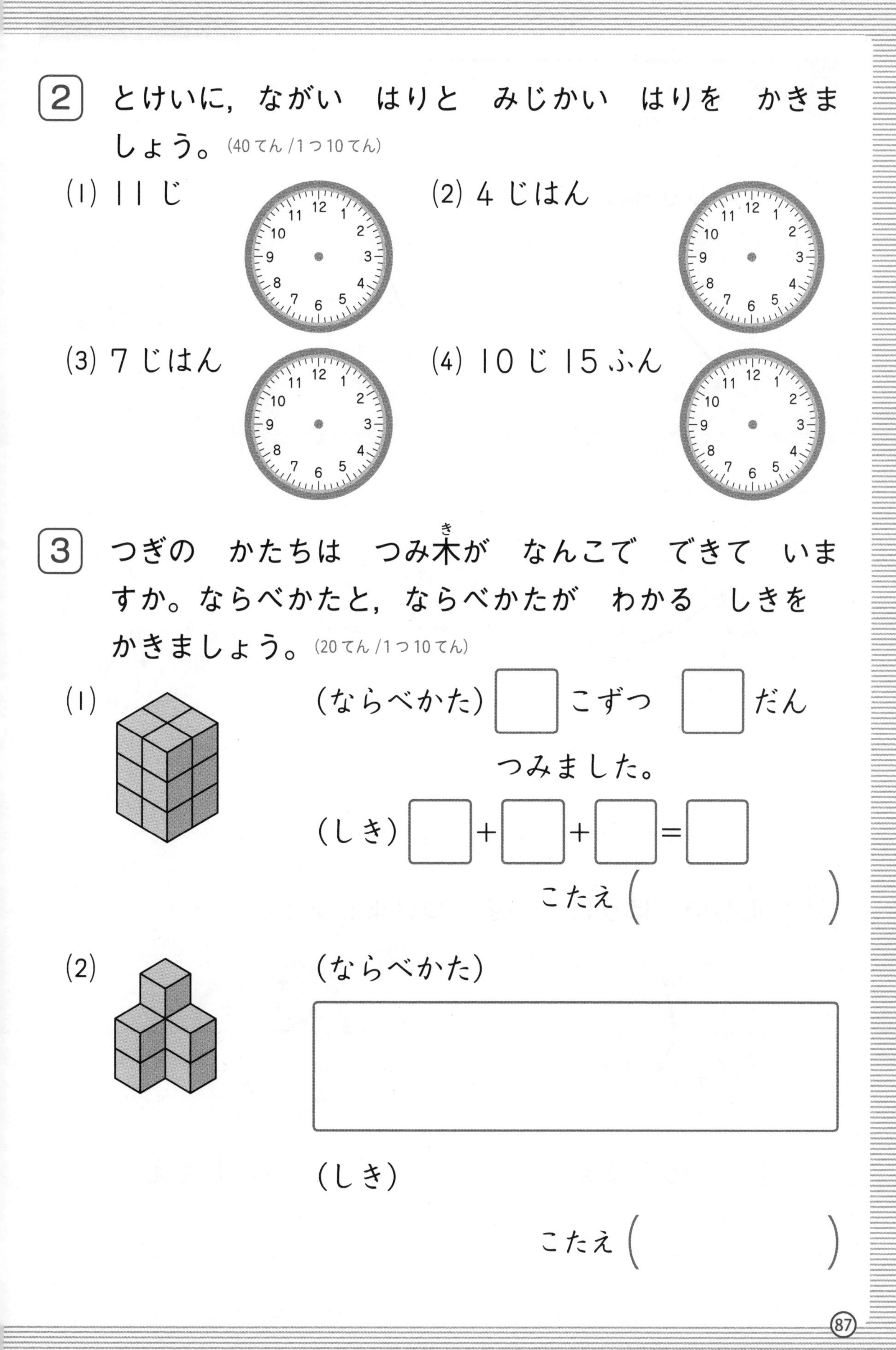

2 とけいに，ながい　はりと　みじかい　はりを　かきましょう。(40てん/1つ10てん)

(1) 11じ

(2) 4じはん

(3) 7じはん

(4) 10じ15ふん

3 つぎの　かたちは　つみ木（き）が　なんこで　できて　いますか。ならべかたと，ならべかたが　わかる　しきを　かきましょう。(20てん/1つ10てん)

(1)

(ならべかた) □こずつ　□だん

つみました。

(しき) □＋□＋□＝□

こたえ（　　　　）

(2)

(ならべかた)

□

(しき)

こたえ（　　　　）

こたえ▶べっさつ26ページ	
じかん　25ふん	とくてん
ごうかく　80てん	てん

チャレンジテスト⑧

1 なんじなんぷんですか。(36てん/1つ6てん)

(1)

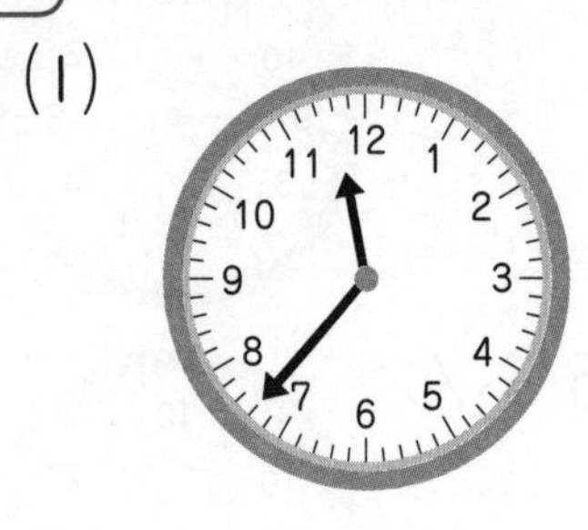

(　　　　　)

(2)

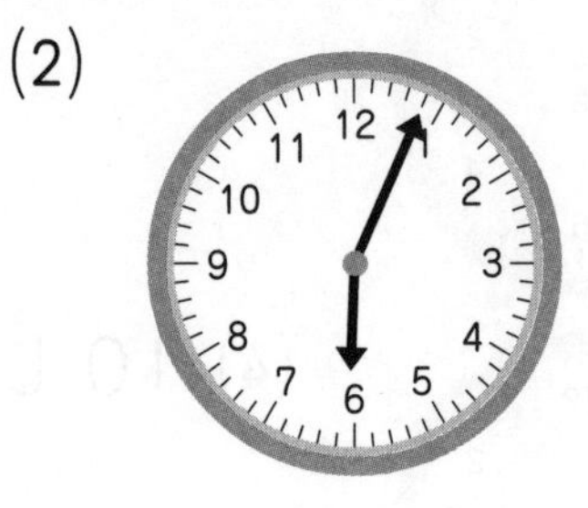

(　　　　　)

(3)

(　　　　　)

(4)

(　　　　　)

(5)

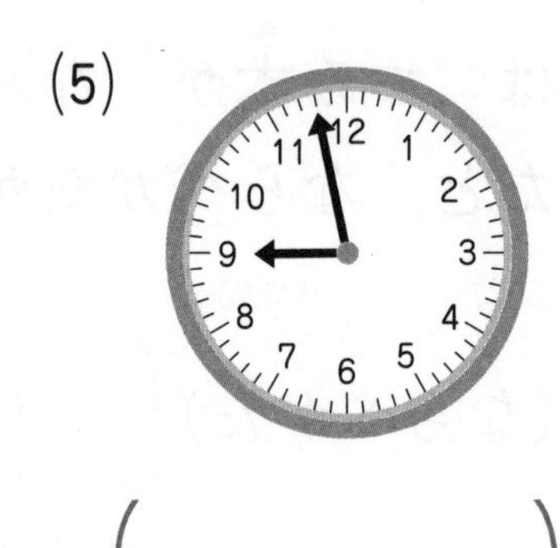

(　　　　　)

(6)

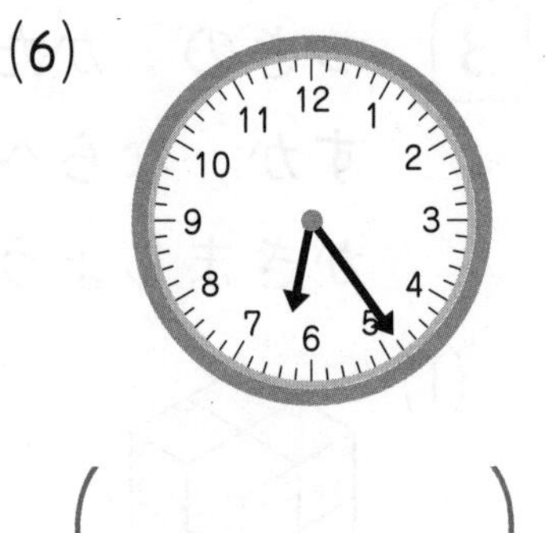

(　　　　　)

2 正(ただ)しい　ほうに　○を　つけましょう。(14てん/1つ7てん)

(1)

(　　)5じまえ

(　　)5じすぎ

(2)

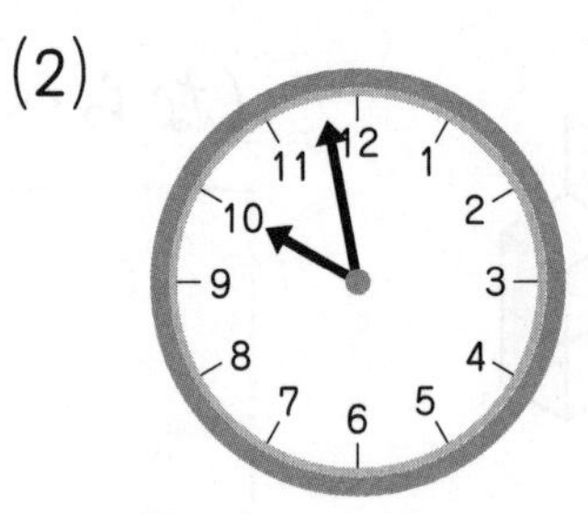

(　　)10じまえ

(　　)10じすぎ

3 つみ木を　かみの　上に　おいて，いろいろな　かたちを　うつしとりました。つみ木と　うつしとれる　かたちを　せんで　むすびましょう。

（20てん／1くみ5てん）

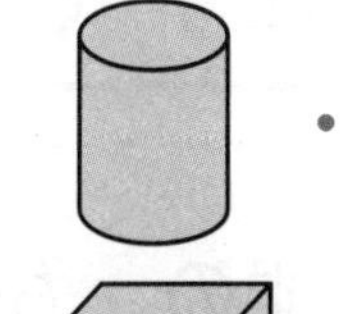

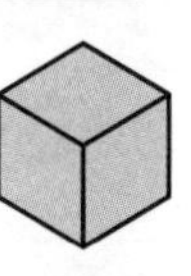
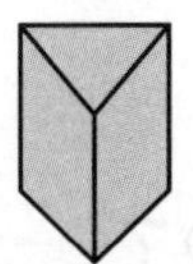
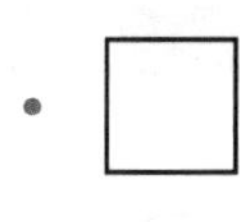
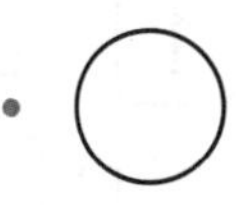

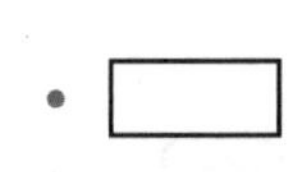

4 右の　つみ木の　かずを　せいりします。（30てん／1つ10てん）

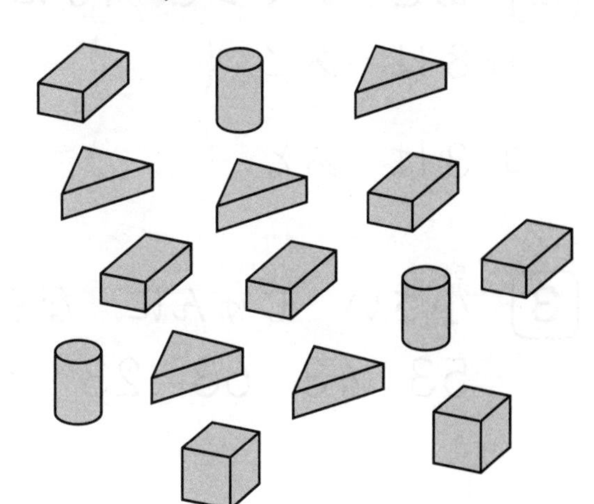

(1) つみ木の　かずだけ　○に　いろを　ぬりましょう。

(2) いちばん　かずが　すくない　つみ木は　どれですか。きごうで　こたえましょう。

（　　　）

(3) さわると　どこも　たいらな　かたちの　つみ木は　ぜんぶで　なんこ　ありますか。

（　　　　　）

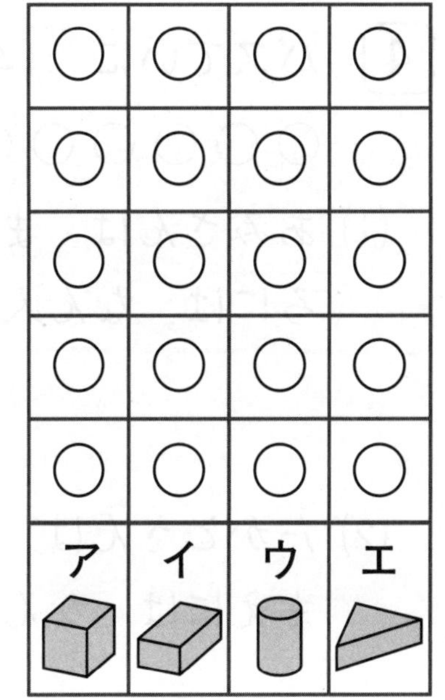

こたえ▶べっさつ27ページ	
じかん 25ふん	とくてん
ごうかく 80てん	てん

そうしあげテスト①

1 2つの　かずの　ちがいを　かきましょう。(8てん/1つ4てん)

(1)
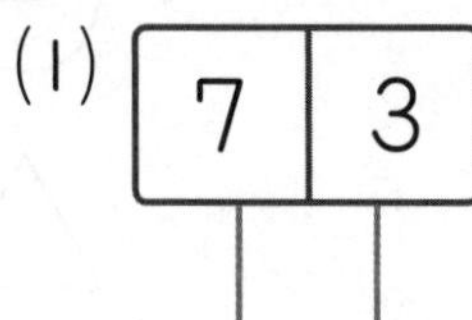

(2)
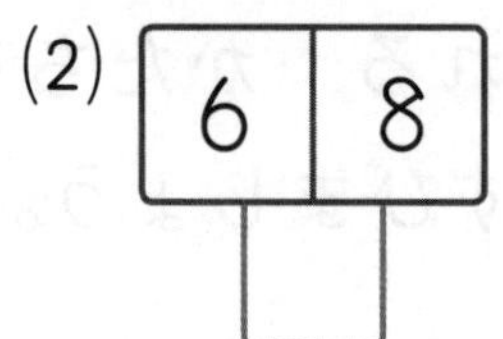

2 あと　いくつで　10に　なりますか。(16てん/1つ4てん)

(1) 8は　あと（　　）　(2) 6は　あと（　　）

(3) 3は　あと（　　）　(4) 1は　あと（　　）

3 小(ちい)さい　じゅんに　ならべましょう。(6てん)

53　43　63　23　33

（　　　　　　　　　　）

4 バスていに　14人(にん)　ならんで　います。(20てん/1つ10てん)

○○○○○○○○○○○○○○

(1) あみさんは　まえから　5人目(め)です。あみさんの　うしろには　なん人　いますか。

（　　　　）

(2) たかとさんは　うしろから　6人目です。たかとさんの　まえには　なん人　いますか。

（　　　　）

5 こうえんで　ボールなげを　して　いる　男(おとこ)の子(こ)が　9人，なわとびを　して　いる　女(おんな)の子が　12人　います。どちらが　なん人　おおいですか。(10てん)

(しき)

こたえ（　　　　　）が（　　　　）おおいです。

6 いちかさんは　いもうとに　シールを　8まい　あげました。いま，9まい　もって　います。はじめに　なんまい　もって　いましたか。(10てん)

(しき)

こたえ（　　　　　）

7 なんじなんぷんですか。(15てん/1つ5てん)

(1) 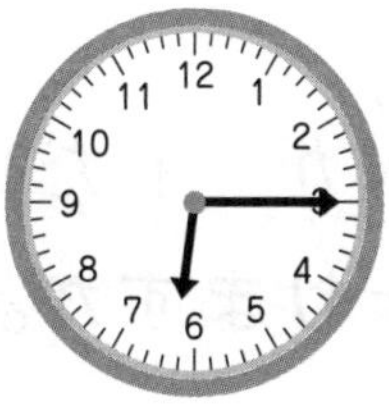　（　　　　　）　(2) 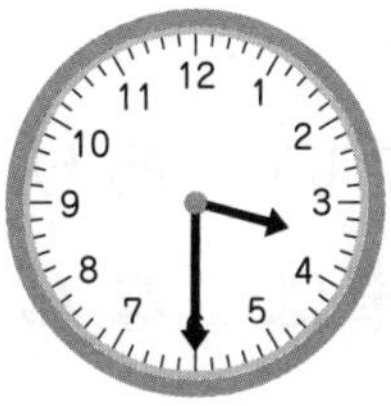　（　　　　　）　(3) 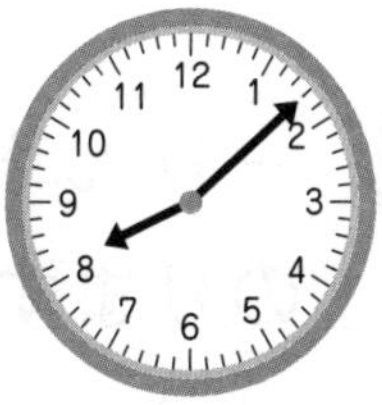　（　　　　　）

8 つぎの　かたちは，◺の　いろいたが　なんまいで　できて　いますか。(15てん/1つ5てん)

(1) 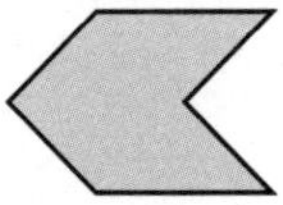　（　　　　　）　(2) 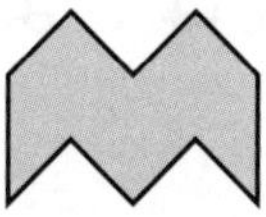　（　　　　　）　(3) 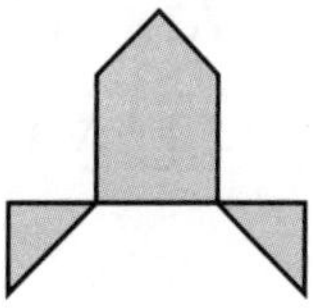　（　　　　　）

こたえ ▶ べっさつ28ページ

じかん 25ふん	とくてん
ごうかく 80てん	てん

そうしあげテスト②

1 □に　あてはまる　かずを　かきましょう。(35てん／□1つ5てん)

(1) 85は，10が □ こと　1が　5こ

(2) 39は，10が　3こと　1が □ こ

(3) □ は，10が　4こと　1が　7こ

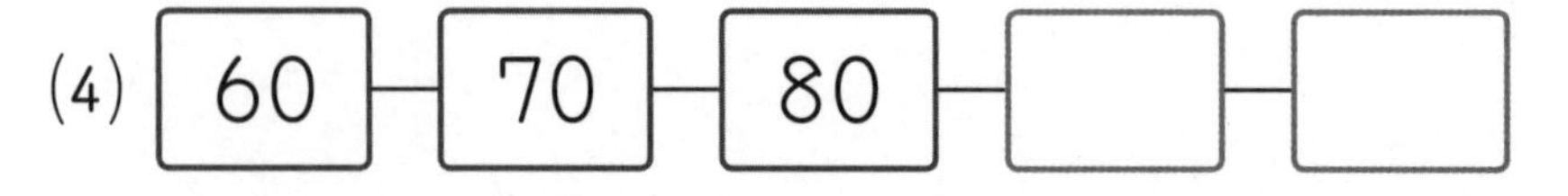

(4) 60 — 70 — 80 — □ — □

(5) 100 — □ — 90 — □ — 80

2 一(いち)りん車(しゃ)が　14だい　あります。9人(にん)が　1だいずつ のります。一りん車は　なんだい　あまりますか。(10てん)

(しき)

こたえ (　　　　　)

3 50円(えん)の　けしゴムと，30円の　えんぴつを　かいました。いくら　はらえば　よいですか。(10てん)

(しき)

こたえ (　　　　　)

4 ケーキが　12こ　あります。子(こ)どもに　1人(ひとり)　1こずつ　くばると，3こ　たりません。子どもは　なん人　いますか。(10てん)

(しき)

こたえ（　　　　　）

5 下(した)の　アから　クを，すべて　(1)から　(3)の　なかまに　わけましょう。(15てん/1つ5てん)

ア　イ　ウ　エ　オ　カ　キ　ク

(1) の　なかま（　　　　　）

(2) の　なかま（　　　　　）

(3) の　なかま（　　　　　）

6 男(おとこ)の子が　30人，女(おんな)の子が　20人　います。(20てん/1つ10てん)

(1) あわせて　なん人　いますか。

(しき)

こたえ（　　　　　）

(2) どちらが　なん人　すくないですか。

(しき)

こたえ（　　　　）が（　　　　）すくないです。

そうしあげテスト③

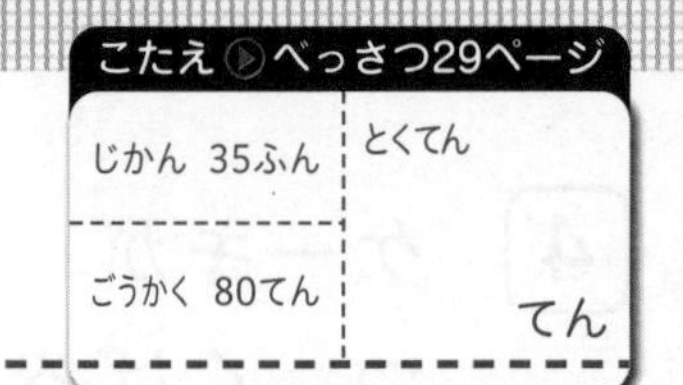

1 せの じゅんに ならびます。まほさんは まえから 5ばん目(め)です。ともみさんは まほさんの つぎの 人(ひと)から かぞえて 6ばん目です。

ともみさんは まえから なんばん目ですか。(10てん)

( )

2 ながい じゅんや，つみ木(き)の かずの おおい じゅんに ばんごうを かきましょう。(6てん/1つ3てん)

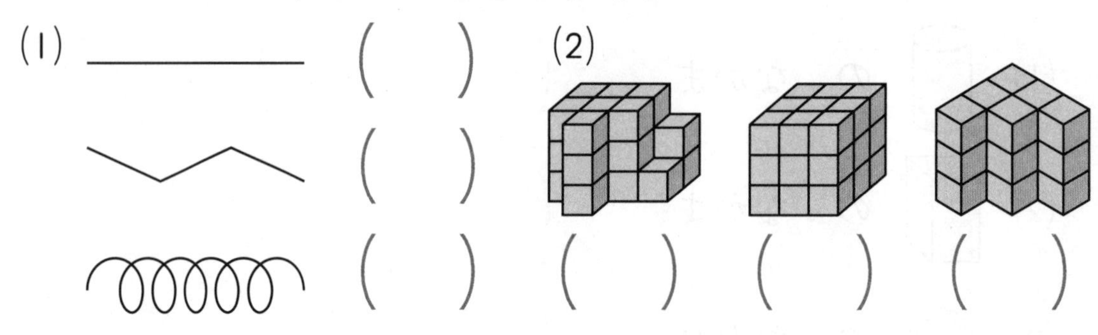

3 □に あてはまる かずを かきましょう。(10てん/1つ5てん)

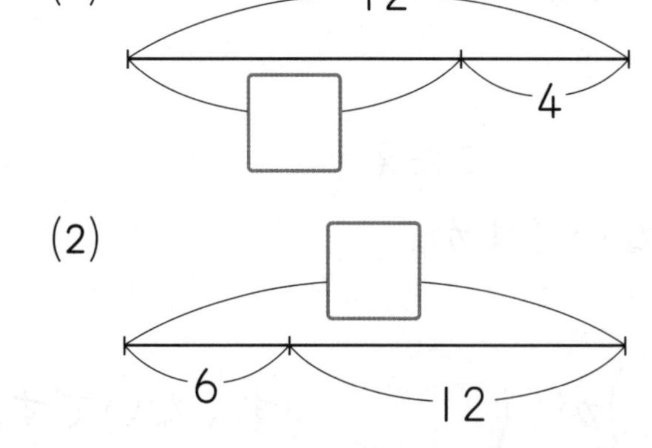

4 □に　あてはまる　かずを　かきましょう。(16てん/□1つ2てん)

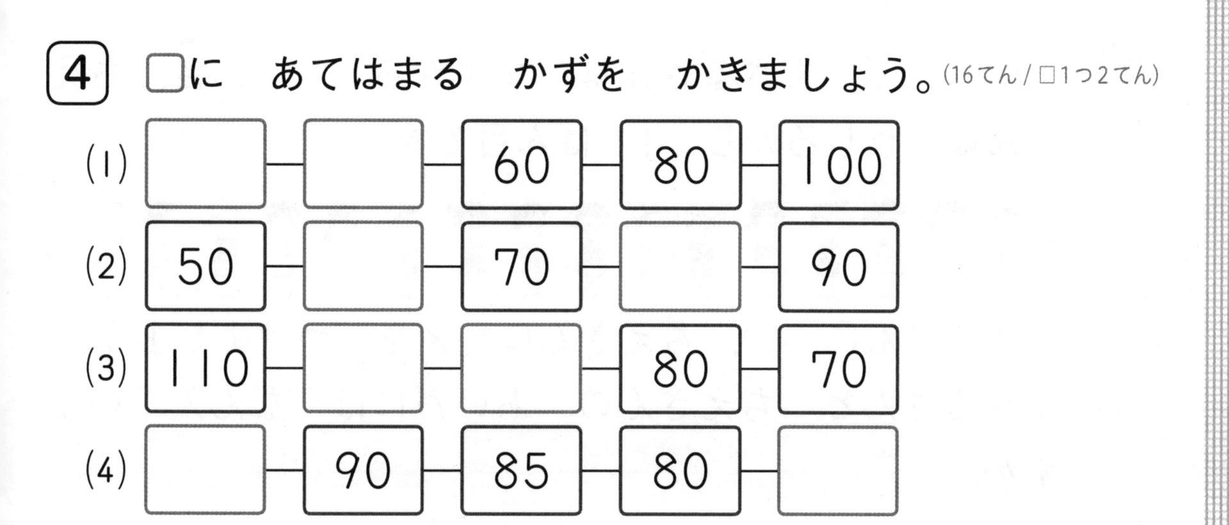

5 ひろきさんの　おじいさんは　80 さいです。おばあさんは　おじいさんよりも　10 さい　とし下(した)です。おかあさんは　おばあさんよりも　30 さい　とし下です。おかあさんは　なんさいですか。(10てん)

(しき)

こたえ（　　　　　）

6 まん中(なか)の　かずと　まわりの　かずを　けいさんして　こたえを　□に　かきましょう。(16てん/□1つ2てん)

(たす)

		□		
		2		
□	7	9	6	□
		8		
		□		

(ひく)

		□		
		7		
□	8	12	6	□
		9		
		□		

7 下(した)の　えで，まさるさんは　まえから　9ばん目(め)，ちえさんは　うしろから　11ばん目です。(12てん/1つ4てん)

まえ　うしろ

(1) まさるさんに　○，ちえさんに　×を　つけましょう。

(2) まさるさんと　ちえさんの　あいだには　なん人(にん)　いますか。

(　　　　)

(3) まえから　6人が　1くみ，うしろから　7人が　3くみ，その　ほかは　2くみです。まさるさんは　なんくみですか。

(　　　　)

8 いろがみを，ひなたさんは　40まい，はなさんは　60まい　もって　います。
どちらが　なんまい　おおいですか。(10てん)
(しき)

こたえ(　　　　)さんが(　　　　)おおいです。

9 でん車(しゃ)が　えきに　つくと，6人　おりて，9人　のりました。いま，でん車に　12人　のって　います。はじめに　なん人　のって　いましたか。(10てん)
(しき)

こたえ(　　　　)

ひっぱると，はずして使えます。

小1

ハイクラステスト 文章題・図形

こたえ

おうちの方へ

この解答編では，おうちの方向けに問題の答えや学習のポイント，注意点などを載せています。答え合わせのほかに，問題に取り組むお子さまへの説明やアドバイスの参考としてお使いください。本書を活用していただくことでお子さまの学習意欲を高め，より理解が深まることを願っています。

1 10までの　かず

p.2〜5

標準クラス

1 (1)7 (2)10 (3)5
(4)8 (5)6 (6)4

2 (1)
●●●●●
●○○○○
, 6

(2)
●●●●●
●●●●○
, 9

(3)
●●●●●
○○○○○
, 5

3 (1)3 (2)6 (3)2
(4)5 (5)8 (6)10

4 (1)8
(2)8

5 (1)2, 3 (2)6, 8 (3)9, 6
(4)8, 9 (5)2, 1

ハイクラス

1 (1)2, 5, 0
(2)あやか
(3)だいき, 3

2 (1)9 (2)7 (3)10

3 (1)2 (2)7 (3)5
(4)2 (5)1 (6)1

4 (1)3, 9 (2)2, 4 (3)8, 4

指導のポイント

1 具体物の数を数字で表します。数え忘れがないように，順番に数えさせます。

?わからなければ 1つずつチェックしながら，数字を声に出して数えさせましょう。

2 具体物の数と，半具体物である○の数と，数字を対応させます。

?わからなければ 左側の絵を1つずつチェックしながら○を塗りつぶし，声を出して数えさせましょう。

3 数字を正しく書けるようにさせます。

?わからなければ 順序がバラバラなので，「いち」から「じゅう」まで順に唱えさせてから，問題を解かせましょう。

4 1つの数を基準に，その「前・次」などの数の大きさを考えさせます。

?わからなければ 実際に数を並べて書いて(7，8，9のように)，次の数や前の数を調べさせていきましょう。

5 数をきまりにしたがって並べます。

?わからなければ 増えていく並びか，減っていく並びかを気づかせ，1ずつ増えているなら，「1より1大きい数」と考えさせましょう。

1 絵から場面を読み取り，問いに答えます。文章題の基本となる問題です。

?わからなければ 「1つもない」ことは，「0」という数字で表せることを理解させます。文章の読み取りが難しいようでしたら，問いを変えてみましょう。

(2)「2と5と0　いちばん小さい数は？」

(3)「2と5　どちらがどれだけ多い？」

2 いちばん大きい数を選ぶ問題です。

?わからなければ 3つの数を小さい順に並べて書かせて，確認させましょう。

3 2つの数の差を求める問題です。

?わからなければ 数を○に置き換えて考えさせます。

(1) 9 ○○○○○○○○○
7 ○○○○○○○
ちがい

4 数の並びを2とびや，逆2とびで数える問題です。

?わからなければ 1から10までの数を順番に書き，問われている数に○をつけ，関係に気づかせましょう。

(3) [10] 9 ⑧ 7 [6] 5 ④ 3 [2] 1

2 なんばんめ

p.6〜9

標準クラス

1 9，2，4，6

2 (1)6　(2)3

3 (1)(2)したの　ず

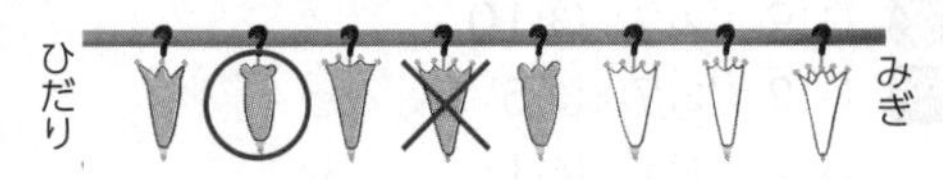

4 (1)3　(2)4　(3)5　(4)4　(5)4

5 4，5

ハイクラス

1 (1)(2)したの　ず　(3)6 にん　(4)3 にん

2 (1)4　(2)2　(3)とり，ねこ，いぬ

3 (1)4，3

(2)(れい)

- うえから　3 だんめ，ひだりから　4 ばんめ
- うえから　3 だんめ，みぎから　2 ばんめ
- したから　2 だんめ，ひだりから　4 ばんめ
- したから　2 だんめ，みぎから　2 ばんめ

4 (1)3 にん　(2)4 ばんめ

指導のポイント

1 「前から」「後ろから」という基準を明確にして数える問題です。

わからなければ 1 つずつ指で押さえ，声に出して数えさせましょう。

2 数える基準は「いちばん大きい数から」ということを明確にさせます。そして，数を大きい順に並べて，4 番目の数を選択させます。

わからなければ 大きい数から並べることが困難な場合，逆に小さい数から順に並べさせます。そして，大きい数から考え，4 番目の数を選択させます。

3 「左から」「右から」という基準を明確にして数える問題です。「○本目」というときはその 1 つを指し，「○本」というときは，○本とも含まれることを理解させます。

わからなければ 右，左の位置を確認し，1 つずつ指で押さえ，声に出して数えさせましょう。

4 「上から」「下から」という基準を明確にして数える問題です。

わからなければ 「にわとりの上に」の場合は，にわとりを除いて考えさせましょう。

5 数える基準は 1 からですが，途中のトンネルが妨げになります。1 つずつ指で押さえて数えさせます。

わからなければ 絵の上におはじきを置くか，○を書いて考えさせましょう。

1 問題の絵は，左向きになっています。「前」がどちらかに注意させます。

「おさむさんとくみこさんの間」は，この 2 人を含めずに考えさせます。

わからなければ おさむさんとくみこさんを含んだ子どもの絵をもとに，○と×のついている間の人数を考えさせましょう。

2 上から「○匹目」と「○匹」の違いを明確にさせて考えます。

わからなければ 「ねこの下には」は，ねこを除いて考えさせます。問題文をよく読み，問題文に沿って聞かれていることをしっかりと押さえさせましょう。

3 上下，左右の 2 方向を使って，位置を表します。

わからなければ

(2)□で十字に囲んで考えさせましょう。

うえから 3だんめ →

↑ひだりから4ばんめ

4 具体的な場面で，人数や順番を考える問題です。

わからなければ ○の図で考えさせます。

まえ ○○○●○○○○○ うしろ

はるると

5人

3 たしざんで　かんがえよう

p.10～13

標準クラス

1 (しき)3+3=6
(こたえ)6 こ

2 (1)(しき)4+1=5
(こたえ)5 こ
(2)(しき)3+4=7
(こたえ)7 ほん
(3)(しき)2+2=4
(こたえ)4 こ

3 (しき)3+7=10
(こたえ)10 ぴき

4 (しき)6+3=9
(こたえ)9 こ

5 (しき)4+2=6
(こたえ)6 こ

6 (しき)7+3=10
(こたえ)10 にん

ハイクラス

1 (しき)7+2=9
(こたえ)9 まい

2 (しき)3+4=7
(こたえ)7 こ

3 (しき)6+3=9
(こたえ)9 ひき

4 (しき)5+3=8
(こたえ)8 にん

5 (しき)6+4=10
(こたえ)10 わ

6 (しき)4+0=4
(こたえ)4 つ

7 (れい)りんごが　かごに　6 こ　あります。ふくろに　2 こ　あります。あわせると　なんこに　なりますか。

指導のポイント

1 絵を数字に表したり,「合わせる」という言葉を「+」の記号に置き換えることを理解させます。
わからなければ 「+」の記号の意味は，左の数に右の数をたすことであることを理解させます。式ができたら声に出して読ませましょう。

2 左の絵に右の絵をたして式をつくる問題です。たす数とたされる数の順番を正しく理解させます。

3 たされる数がたす数より小さくても，正しく立式できるように，問題の意味をしっかりと理解させましょう。

4 「合わせる」場面の文章題です。問題の場面を正確に読み取らせることが大切です。
わからなければ 問題文に沿って図をかかせましょう。

5 **6** 「増える」場面の文章題です。
わからなければ いちごや子どもをおはじきに置き換えて，具体的な場面で考えさせましょう。

1 問題文に出てくる数値を安易にたさないように気をつけさせます。問題の場面を正確に読み取らせることが大切です。
わからなければ 問題文を区切って，「合わせる」場面を理解させます。

2～**5** 「増える」場面の文章題です。
わからなければ 問題文に沿って，図をかかせましょう。p.10 **2** のように穴埋めで練習させたあと，式全体を自分で書かせてみましょう。

6 2 回目は 1 つも入らなかったので，0 をたすたし算の式になることを理解させましょう。

7 絵から場面を読み取り，たし算の文章題をつくる問題です。今回は合併の場面を出題していますが，増加の場面でも練習させましょう。
わからなければ **1** の問題文を手本にして，書かせましょう。

4 ひきざんで　かんがえよう

p.14〜17

標準クラス

1 (しき)6−2=4
(こたえ)4こ

2 (1)(しき)10−4=6
(こたえ)6つ
(2)(しき)6−5=1
(こたえ)1つ

3 (しき)4−2=2
(こたえ)2ほん

4 (しき)6−4=2
(こたえ)2こ

5 (しき)8−1=7
(こたえ)7こ

6 (しき)9−6=3
(こたえ)にわとり，3

ハイクラス

1 (しき)8−3=5
(こたえ)5まい

2 (しき)9−5=4
(こたえ)4こ

3 (しき)10−4=6
(こたえ)6わ

4 (しき)7−3=4
(こたえ)4にん

5 (しき)10−3=7
(こたえ)すずめが　7わ　おおい。

6 (しき)5−5=0
(こたえ)0まい

7 (しき)8−0=8
(こたえ)8こ

8 (れい)バナナが　7つ　あります。みかんが　4つ　あります。バナナは　みかんより　いくつ　おおいですか。

指導のポイント

1 絵を見て問題の場面をしっかりととらえさせることが大切です。
?わからなければ　ブロックやおはじきに置き換えて考えさせましょう。

2 大きい数と小さい数の差を求めるための立式をさせる問題です。
?わからなければ　大きい数から小さい数をひいて立式できることを理解させましょう。

3 残りの数を求める場面のひき算の文章題です。

4 違い(差)を求める場面のひき算の文章題です。

5 残りの数を求める場面のひき算の文章題です。
?わからなければ　「われると」が減少を表すことを理解させましょう。

6 違い(差)を求める文章題です。
?わからなければ　図にかいて考えさせましょう。

1 2 文章を読んで，問題の場面をしっかりととらえさせることが大切です。
?わからなければ　p.14を復習させましょう。

3 残りの数を求める場面の問題です。
?わからなければ　「とんでいきました」が減少を表すことを理解させましょう。

4 全体とその一部分がわかっていて，他の部分を求める場面の問題です。
?わからなければ　(子ども)−(女の子)=(男の子)になります。このことを式に表して計算させます。

5 問題文に出てくる数値の順に3−10と立式しないように気をつけさせましょう。

6 7 0を含むひき算の文章題です。
?わからなければ　「1こもわらずに」が，われた数が0個であることを理解させましょう。

8 絵を見てひき算の文章題をつくる問題です。生活場面を思い出し，算数のお話になるようつくらせましょう。
?わからなければ　問題文のパターンを与え，そこに数値を入れて書かせてみましょう。

p.18〜19

1 (1)2，3，5
(2)4，3

2 (1)3　(2)8
(3)1　(4)6
(5)2　(6)7

3 (1)
(2)6
(3)うえに　○，3

4 (1)(しき)3＋5＝8
(こたえ)8 こ
(2)(しき)5－3＝2
(こたえ)2 こ

指導のポイント

1 示された絵を見て，場面をしっかりとらえ，数字を使って文に表します。

わからなければ (1)は，かごに入った玉の数と入らなかった玉の数を合わせると，投げた玉の数がわかります。(2)では，隠れたおはじきの数を求めます。実際におはじきを使って考えさせましょう。

2 あといくつで 10 になるかという 10 の補数を求める問題です。今後学習する繰り上がりや繰り下がりの計算で使う考え方です。
計算せずに見ただけで答えられるようにしておきましょう。

わからなければ 数を○に置き換えて考えさせましょう。

(1)まず○を 7 個かきます。

○○○○○
○○

10 個になるまで○をかきたします。

○○○○○
○○○○○

7 はあと 3 で 10 です。

(4)まず○を 4 個かきます。

○○○○

10 個になるまで○をかきたします。
4 はあと 6 で 10 です。

○○○○○
○○○○○

3 数の並びを考える問題と，並び方の問題の複合です。数える基準は「下から」です。

わからなければ 階段の下におはじきを置いて，実際に動かしながら数えたり，1 つずつ指で押さえながら数えるようにしましょう。

4 りんごとみかんがある 1 つの場面ですが，合わせた数を求めるときはたし算，違いの数を求めるときはひき算をします。たし算，ひき算の意味を正しく理解できているかをみる問題です。

わからなければ 「あわせて」「○○は△△よりなんこおおい」のことばに着目させましょう。

(1)○○○　○○○○○
3こ　5こ
↓あわせると
○○○○○○○○

3 ＋ 5 ＝ 8(こ)

(2)○○○
○○○○○（ちがい）

5 － 3 ＝ 2(こ)

1 (1)3ばんめ
(2)4にん，5にん
(3)すわりますに ○

2 7こ

3 (しき)9−5=4
(こたえ)4こ

4 (しき)10−8=2
(こたえ)2まい

5 (しき)2+4=6
(こたえ)6つ

6 (しき)4+6=10
(こたえ)10こ

指導のポイント

1 絵から，順番や人数を考える問題です。人数を表す計量数と，順番や位置を表す順序数の違いが理解できているかをみます。

わからなければ まず，りくさんとみきさんがどの子か，印をつけさせます。

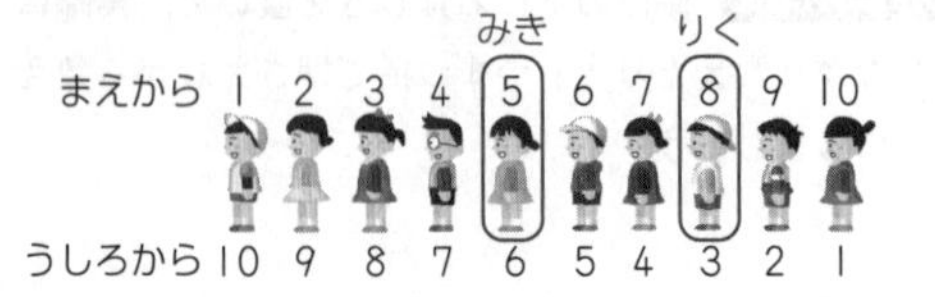

(2)「みきさんの前に何人？」だから，みきさんは数に入れないことを理解させます。

(3)

2 文章題で数の合成を考えさせます。

わからなければ 問題文に示されている絵をもとに考えさせましょう。

3 差を求める場面のひき算の文章題です。問題の場面の状況をしっかりと理解した上で，たし算かひき算か決定させましょう。

わからなければ 問題の場面の数値を図のように，○に置き換えて考えさせましょう。

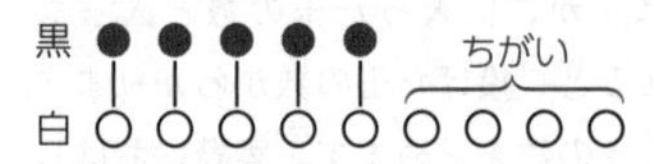

4 残りを求める場面のひき算の文章題です。

わからなければ 問題の場面の数値を図のように，○に置き換えて考えさせましょう。

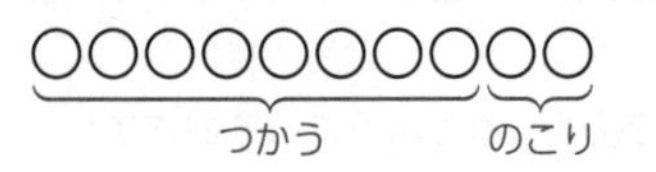

5 合計を求めるたし算の文章題です。文章を読み，問題の状況を理解し，たし算かひき算かを考えさせます。

わからなければ 問題の場面の数値を図のように，○に置き換えて考えさせましょう。

6 増加の場面のたし算の文章題です。問題の状況を理解し，たし算かひき算かを考えさせます。

わからなければ 問題の場面の数値を図のように，○に置き換えて考えさせましょう。

5 20までの　かず

p.22〜25

標準クラス

1 (1)15こ　(2)12こ
(3)5こ　(4)2こ

2 (1)17　(2)15
(3)20　(4)19
(5)11　(6)20

3 (1)15，17，18
(2)12，16，18
(3)19，17，14
(4)3，9，11

4 1，3，6，2

5 (1)16　(2)12
(3)17　(4)10

ハイクラス

1 (1)15，20
(2)8
(3)12
(4)4
(5)8

2 (1)16人(にん)
(2)11人

3 (1)りこ 16こ　すみれ 15こ
(2)りこさん

指導のポイント

1 丸の数を調べ，数字に表させます。また，「20個と比べて何個少ない」とか，「10個より何個多い」など，数の大きさも調べさせます。

わからなければ (4)では，「10といくつ」に分けて考えさせましょう。

●●●●●●●●●●　●●

2 20までの数の大小比較をします。数の大小比較は，まず，十の位で大小を比較させます。十の位が同じときには一の位の比較をさせます。

わからなければ 1，2，3，…，19，20と数字を書き，比べる2つの数に○をつけさせ，2つの数の大小を比較させましょう。

3 きまりにしたがって数を並べる問題です。

わからなければ 2とびや逆に並べるなど，示されている数からそのきまりを読み取らせ，空いているところを考えさせましょう。

4 「十いくつ」の数と「二十」の差を考えさせます。

わからなければ ○をかきたして調べさせます。

14

○○○○○　○○○○○
○○○○○　○○○○○

14は20に
6たりない

5 数直線を使った問題です。右にいくと大きくなり，左にいくと小さくなることを理解させます。

わからなければ 数直線の目盛りを指で押さえながら数え，考えさせましょう。

1 数直線を使って考える問題です。数直線は，右にいくほど数が大きくなります。

わからなければ 目盛りに数を書き入れさせましょう。

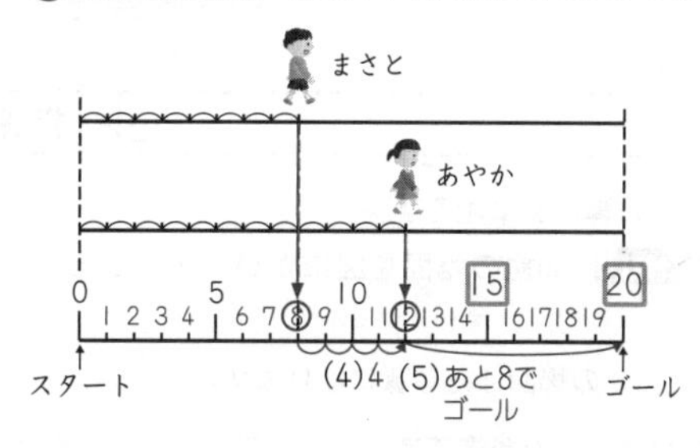

2 20までの数の計量数と順序数を考えます。

わからなければ 絵に印をつけて考えさせましょう。

(2)
みよ　そうた
まえ　うしろ
11人

3 会話文をもとに考える問題です。基準の数からいくつ多い，またはいくつ少ない数かを求めます。

わからなければ ○を使った図をかかせます。

みゆ　りこ　すみれ

6 たしざんと　ひきざんで　かんがえよう ①　p.26〜29

標準クラス

1 (しき)7+5=12
(こたえ)12 ひき

2 (しき)6+5=11
(こたえ)11 わ

3 (しき)15+4=19
(こたえ)19 こ

4 (しき)12−8=4
(こたえ)4 わ

5 (しき)18−6=12
(こたえ)12 こ

6 (しき)13−6=7
(こたえ)男の子が　7人　おおいです。

7 (しき)18−8=10
(こたえ)10 きゃく

ハイクラス

1 (れい)子どもが　4人　あそんで　いました。そこへ　7人　きました。
子どもは　ぜんぶで　なん人に　なりましたか。

2 (1)(れい)まめが　12 こ　ありました。
3こ　たべました。
なんこ　のこって　いますか。
(2)(れい)赤い　えんぴつが　12本　あります。くろい　えんぴつが　2本　あります。ちがいは　なん本ですか。

3 (しき)14−9=5
(こたえ)5 こ

4 (しき)19−7=12
(こたえ)12 本

5 (1)(しき)12−7=5
(こたえ)5 こ
(2)(しき)12+5=17
(こたえ)17 こ

指導のポイント

1〜**3** たし算の文章題です。
?わからなければ　問題の場面を図にかいて考えさせましょう。
「合併」「増加」の場面はたし算になります。

4〜**7** ひき算の文章題です。
?わからなければ　問題の場面を図にかいて考えさせましょう。

4 ○○○○○○○○○○○○

6 男の子 ○○○○○○○○○○○○○
おおい
女の子 ○○○○○○

7 先にいすの数の 18 個の○をかき，その後，座る人の数の 8 個の○をかいて考えましょう。

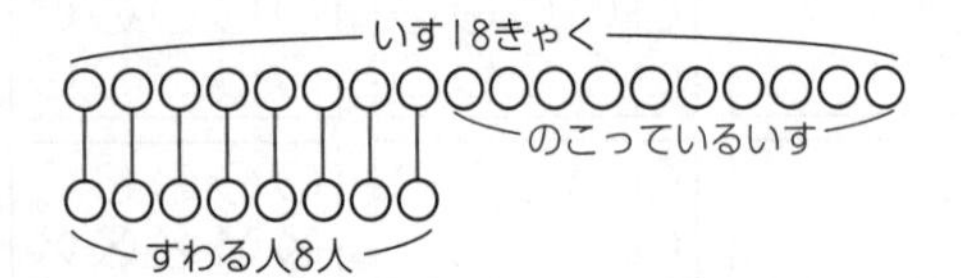

1 絵を見て繰り上がりのあるたし算の問題づくりをする問題です。
?わからなければ　「全部で」「増える」などのキーワードをヒントに考えさせましょう。

2 絵を見ながら繰り下がりのあるひき算の問題づくりをする問題です。
?わからなければ　「食べた」「違いは」というキーワードを意識させながらつくるとよいでしょう。

3 ひき算の文章題です。
聞かれているのは「いくつ多いか」ではなく，「いくつ少ないか」です。
問題文をよく読み，正しく意味をとらえられるようになりましょう。

4 ひき算の文章題です。

5 少ないほうの青い風船の数はひき算で，合わせた数はたし算で求めます。
?わからなければ
(1)赤○○○○○○○○○○○○
青○○○○○
7こすくない

7 大(おお)きい　かず

p.30〜33

標準クラス

1 (れい)

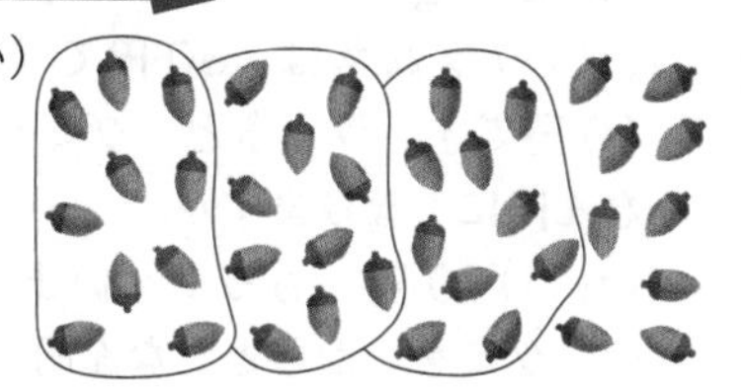

3, 9, 39

2 (1)30, 35, 40, 45, 50
(2)40, 70, 90, 100, 110

3 (1)96, 82, 51
(2)84, 83, 68
(3)80, 71, 32, 17
(4)98, 78, 75, 25

4 (1)47　(2)98　(3)8, 2
(4)6, 3　(5)10

5 (1)40　(2)7　(3)10

6 (1)72, 74　(2)89, 99
(3)22, 11　(4)17, 19

ハイクラス

1 (1)77こ
(2)7はこ　できて, のこり　7こ

2 (1)めぐみさん32てん
たくやさん41てん
(2)たくやさん

3 (1)85円(えん)
(2)バナナ　りんご　かき　みかん
(○)　(×)　(×)　(○)

4 107てん

指導のポイント

1 100までの数のしくみについて学習します。絵を10ずつのかたまりで囲み, 10のかたまりがいくつあるかを十の位に, 1がいくつあるかを一の位に表します。

わからなければ　右の表にそれぞれの位の数を書かせましょう。

十の位	一の位
3	9

2 5とびや10とびなど, 示されている数字から□の中を判断させます。

わからなければ　隣り合った数がいくつ増えているかを見てきまりに気づかせましょう。

3 100までの数の大小比較をします。まず, 十の位どうしを比較し, そのあと, 一の位を比較するというように考えさせましょう。

4 100までの数の構成について学習します。

わからなければ　10のかたまりは十の位に, 1の数は一の位に書かせましょう。

5 50までの数の数直線の問題です。

6 2とび, 10とびなど, 示されている数字から□の中を判断する問題です。

わからなければ　(2), (3)は一の位に着目させ, きまりに気づかせましょう。

1 大きな数について考える問題です。

わからなければ　(1)80個より3個少ないことを理解させましょう。
(2)は, (1)の答え77を「10が7つと7を合わせた数」と考えさせましょう。

2 大きな数のしくみの学習をゲームの場面に活用する問題です。

わからなければ　(1)10点が3つと1点が2つだから

3	2
十の位	一の位

10点が4つと1点が1つだから

4	1
十の位	一の位

3 大きな数の大小比較を日常生活に活用します。値段の数字が85より大きいものは, 85円で買えないことを理解させましょう。

4 大きな数の大小について考察する問題です。

わからなければ　白組の得点の十の位に, 0から順に数字を入れて調べさせましょう。

8 たしざんと　ひきざんで　かんがえよう ②　p.34～37

標準クラス

1 (しき)34＋3＝37
(こたえ)37 わ

2 (しき)30－10＝20
(こたえ)20 本（ぼん）

3 (しき)20＋10＝30
(こたえ)30 さつ

4 (しき)8＋30＝38
(こたえ)38 ページ

5 (しき)35－5＝30
(こたえ)30 わ

6 (しき)49－8＝41
(こたえ)41 かい

7 (しき)30－20＝10
(こたえ)10 こ

ハイクラス

1 (1)(れい)ラムネは　30 円（えん）です。グミは 40円です。ラムネと　グミを　かうと，なん円に　なりますか。
(2)(れい)90円　もって　います。40円の　グミを　かうと，なん円　のこりますか。

2 (しき)35－4＝31
(こたえ)31 まい

3 (しき)80－60＝20
(こたえ)20 ページ

4 (しき)27－4＝23
(こたえ)23 かい

5 (しき)42＋3＝45
(こたえ)45 本（ほん）

指導のポイント

1 「全部の数」を求めるので，たし算の文章題です。

2 「違い(差)」を求めるので，ひき算の文章題です。

3 **4** 「あわせた数」を求めるので，たし算の文章題です。

5 「残りの数」を求めるので，ひき算の文章題です。

6 「違い(差)」を求めるので，ひき算の文章題です。

7 子どもの数をみかんに置き換えます。20 人の子どもに 1 個ずつ配ったので，配ったみかんの数は 20 個であることを理解させましょう。「残りの数」を求めるので，ひき算の文章題です。

?わからなければ 問題の場面を図にかきながら考えるとよいでしょう。

1 式から問題をつくります。
生活場面を題材に題意にあった問題文が書けていれば正解です。

2 (全部のくじの数)－(あたりの数)＝(はずれの数)となることを理解させましょう。

3 残りのページ数を求めることと同じなので，ひき算の文章題です。

4 少ないほうの数を求める問題です。

?わからなければ 数直線にかきこませましょう。

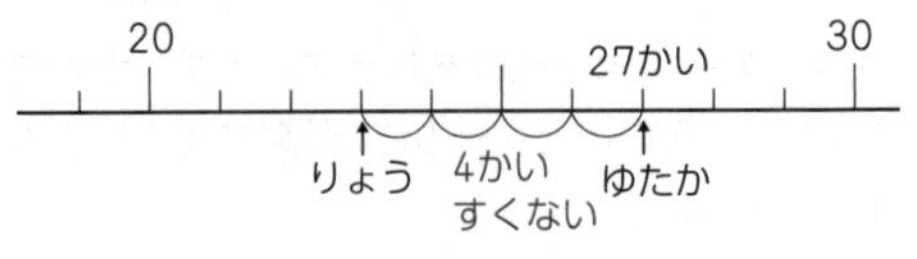

式はひき算になることを理解させましょう。

5 子どもの数を鉛筆に置き換えます。配ったのは 42 本，さらに 3 本残っています。「全部の数」を求めるので，たし算の文章題です。
数が大きくなっても，たし算になるかひき算になるかはこれまでと同じです。
問題文を最後まで読んで正しく立式させ，位を間違えないように計算させましょう。

9 3つの　かずの　けいさん

p.38〜41

標準クラス

1 (1)5
(2)3，2，1
(3)8＋3＋4＝15

2 (しき)6＋5－2＝9
(こたえ)9

3 (しき)4＋3＋2＝9
(こたえ)9つ

4 (しき)8－3－2＝3
(こたえ)3こ

5 (しき)6＋3－4＝5
(こたえ)5人(にん)

ハイクラス

1 (れい)みきさんは　わなげを　3かい　しました。
1かい目(め)は　2つ，2かい目は　3つ，3かい目は　5つ　はいりました。
あわせて　いくつ　はいりましたか。

2 (1)＋，＋　(2)－，＋
(3)＋，－　(4)－，－
(5)＋，－　(6)－，－
(7)＋，＋　(8)－，＋
(9)＋，－　(10)＋，＋

3 (しき)14－6＋4＝12
(こたえ)12わ

4 (しき)5＋7－3＝9
(こたえ)9人

5 (しき)8＋5－10＝3
(こたえ)3人

6 (しき)16－9＝7　16－5＝11
11－7＝4
(こたえ)4

指導のポイント

標準クラス

1 絵を見て，3つの数によるたし算やひき算の混じった式をつくる問題です。
わからなければ 矢印の方向に気をつけながら，1つの式で表すことを理解させましょう。

2 「たして　ひく」は「＋　－」になることを理解させ，順に立式させます。

3 3つの数によるたし算の文章題です。
わからなければ 問題文を最後まで読み，問題の場面をしっかり理解させましょう。図にかいて考えてもよいでしょう。

4 3つの数によるひき算の文章題です。
わからなければ チョコレートをブロックに置き換えたり，図にかいたりして，場面を理解させましょう。

5 3つの数によるたし算・ひき算の文章題です。
わからなければ 問題文を最後まで読み，問題の場面をしっかり理解させましょう。

ハイクラス

1 絵を見ながら，3つの数の計算の問題をつくります。
わからなければ 3回分の個数を合わせるので，たし算の問題になることを確認しましょう。

2 3つの数と答えから，その計算がたし算かひき算かを考えさせます。
わからなければ (3)の9□7□2＝14の場合，まず9と7をたすと16になり，2を使って14との関係を考えさせます。
16－2＝14　になるため，9＋7－2＝14

3〜**5** 3つの数によるたし算・ひき算の混合文章題です。

6 文章に沿って間違えた計算と正しい計算を両方行い，その答えの差を求めましょう。
わからなければ 式は，1つにまとめず
①正しい式
②間違えた式
③2つの答えの差
と3つに分けて書くほうがわかりやすいでしょう。

10 □の ある しき

p.42〜45

標準クラス

1 (き)＋(赤)＝(だいだい)
(き)＝(だいだい)－(赤)
(だいだい)－(き)＝(赤)

2 (1)4
(2)14

3 (1)9
(2)6
(3)14

4 (1)3
(2)11
(3)10

ハイクラス

1 (1)
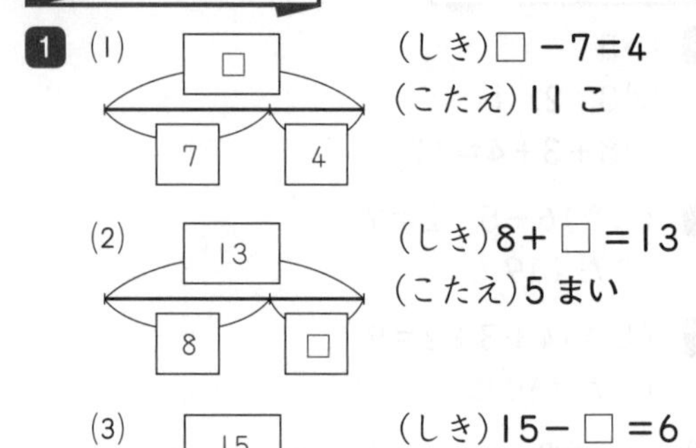
(しき)□－7＝4
(こたえ)11 こ

(2)
(しき)8＋□＝13
(こたえ)5 まい

(3)
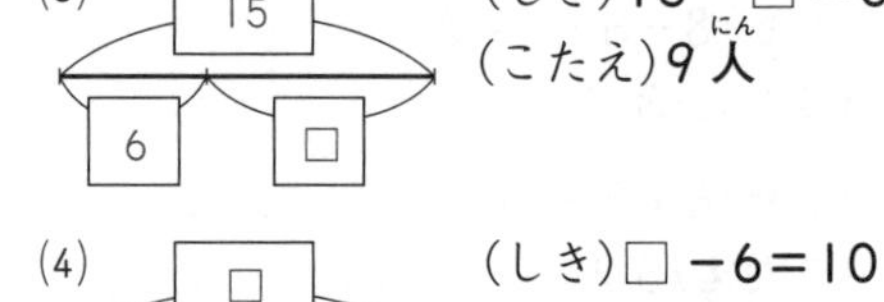
(しき)15－□＝6
(こたえ)9 人

(4)
(しき)□－6＝10
(こたえ)16 まい

(5)
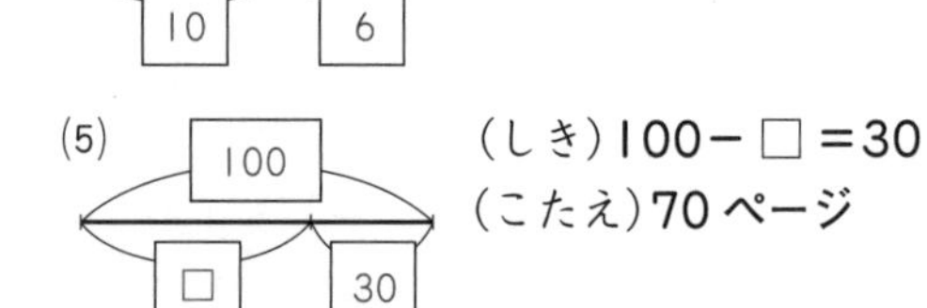
(しき)100－□＝30
(こたえ)70 ページ

指導のポイント

1 図をもとに式をつくります。テープ図をもとに，たし算・ひき算の関係を把握させます。

わからなければ 実際に色紙でテープをつくり，だいだい色のテープの長さを黄色と赤色のテープから求める操作を行わせましょう。

2 **3** テープ図や線分図で，□に合う数を求めさせます。**1** と照らし合わせながら，計算で効率よく求めることに挑戦させましょう。

わからなければ **2** (1)では，□は **1** のテープ図の(赤)の部分にあたります。(だいだい)－(き)＝(赤)の式にあてはめて，12－8＝□，□＝4 と計算で求められます。(全体)＝(部分)＋(部分)，(部分)＝(全体)－(部分)で求められることを視覚的に理解させましょう。

4 文章の場面を思い描きながら，わからない数量を求めさせます。

わからなければ テープ図や線分図に表して，数量関係を視覚的にとらえさせましょう。

(3)
1年生18人
男の子□人　女の子 8人

1 問題文は今までに出てきたような構造ですが，その構造を線分図にかき込むと，理解しやすくなることを実感させます。

式は題意に合っていれば正解とします。

(1)，(4)は「はじめにあった数量を求める」問題，(2)は「増えた数量を求める」問題，(3)，(5)は「減った数量を求める」問題です。このような逆思考の問題は，わからない数量を□とする考え方を身につけておくと，解きやすくなります。

これまで○を使った図をかいて考えさせてきましたが，今後扱う数値が大きくなるので，次第にテープ図や線分図に慣れさせていきましょう。

わからなければ 問題文には 3 つの数量が出てきます。「示されている 2 つの数量は何でいくつか，求める数量(わからない数量)は何か」を明確にさせます。問題文に下線をひいたり，色分けさせたりしてもよいでしょう。

チャレンジテスト③

p.46〜47

1 (れい)子どもが　8人　あそんで　いました。
4人　あそびに　きました。
しばらくして　9人　かえりました。
子どもは　いま　なん人　いますか。

2 (1)10
(2)3，8
(3)7，4
(4)103

3 (1)68　(2)85
(3)102　(4)120

4 (しき)14−2+3=15
(こたえ)15人

5 (しき)10−5−3=2
(こたえ)2こ

6 (大きい　かず)49
(小さい　かず)40

7 (しき)16−7=9
(こたえ)9まい

指導のポイント

1 式を見て問題をつくります。
はじめはたし算なので「増える」,「もらう」,「合わせる」などの場面を考えさせます。
次はひき算なので,「帰る」,「あげる」などの場面を考えさせるとよいでしょう。
?わからなければ あめを使った問題にする，あるいは子どもが出てくる問題にするなど，具体的な場面を与えてやると考えやすいでしょう。

2 100を少しこえた数までの数の構成を確認します。
?わからなければ 10のかたまりの数は十の位に，1の数は一の位に書かせましょう。
(4)は，10が10こより百の位が1，1が3こより，一の位が3になるから，103になります。

3 100を少しこえた数までの3つの数の大小比較をします。
いちばん大きな位から比較し，同じ場合は次の位で比較します。
百の位からはじまる数と十の位からはじまる数とでは，百の位からはじまる数のほうが大きいことを判断させます。
?わからなければ 「64，68，67」のように，十の位が同じ数の場合は，一の位の数の大小で判断するようにさせましょう。
また,「93，98，102」のように，2位数と3位数の数の場合は，けた数で判断させましょう。

4 3つの数のたし算とひき算が混じった文章題です。
問題文を最後まで読んで，どのような式で計算できるかを考えさせます。
?わからなければ はじめ14人乗っていて，2人降りたのだから，ひき算です。そして，3人乗ったからたし算です。問題文の「おりて」を「おりました。」と分けて考えてもよいでしょう。

5 3つの数によるひき算の文章題です。
?わからなければ 問題文をよく読み，何算になるかをしっかりと考えた上で立式させましょう。

6 十の位が4である10個の数字の中から，最も大きいものと最も小さいものを選ぶ問題です。
最も小さい数を「41」としがちなので，数の並びをしっかりと思い出しながら考えさせることが大切です。
?わからなければ 40から49までの数字をすべて書き出してみるとよいでしょう。

7 わからない数をひき算で求める文章題です。
?わからなければ 問題文をよく読み，テープ図や線分図に表して考えさせましょう。

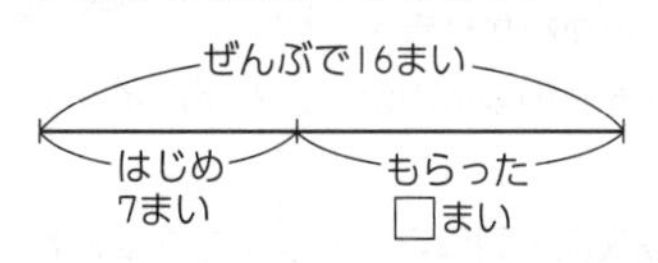

チャレンジテスト④

p.48〜49

1 (1)4, 0
(2)86
(3)9, 4
(4)95
(5)113

2 (1)50, 70, 100
(2)74, 75, 77
(3)93, 89, 85
(4)103, 102, 100

3 (1)35, 60, 75
(2)80, 92

4 (しき)40+9=49
(こたえ)49本

5 (しき)8+9=17
(こたえ)17まい

6 (しき)15−2−□=5
(こたえ)8まい

指導のポイント

1 100を少しこえた数までの，数の構成を確認します。
わからなければ 10のかたまりの数は十の位に，1の数は一の位に書かせましょう。
(2)は，十の位が8，一の位が6になります。
(5)は，100より大きい数です。
100から順番に101，102，……と数えながら考えさせましょう。

2 10とびや逆2とびなど，示されている数字から□の中の数を判断させます。
わからなければ (2)，(3)，(4)のように隣り合っている数がない問題は，2つの間の数を考えさせることできまりを考えさせましょう。

3 数直線の目盛りを読む問題です。
1目盛りがいくつになっているかを正しく判断することが大切です。
わからなければ 書かれていない数を□と考え，2の問題のように，数字が何とびに並んでいるかを考えさせましょう。

4 数の構成の文章題です。
出てくる数を安易にたしたりひいたりしないようにしましょう。
「10本たばにしたものが4つ」から，たばの部分はチューリップが40本あることがわかります。
この問題文にない40を式の中に用いることがポイントです。
わからなければ 問題場面を図に表して考えてみるとわかりやすいでしょう。

5 わからない数をたし算で求める文章題です。
問題文を最後までよく読んで，どのような式で計算できるか考えさせます。
わからなければ 場面がとらえにくかったら，図に表して考えましょう。

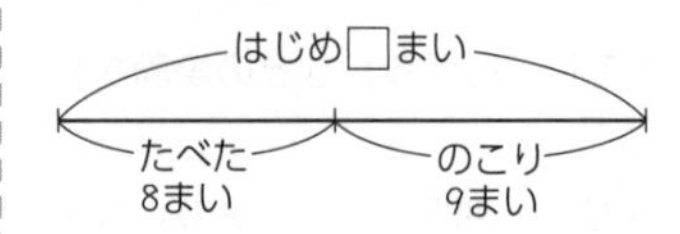

6 問題の場面が複雑です。
減った数を求める問題なので，単元「10.□の　あるしき」で学習した□を使って，考えるとよい問題です。
図にかくと，

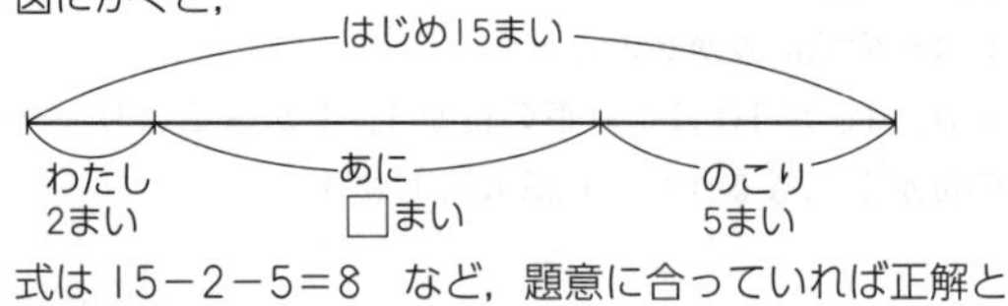

式は15−2−5=8　など，題意に合っていれば正解とします。
わからなければ 問題文をよく読み，兄が食べた数を□枚として式に表してみましょう。
15−2−□=5として，はじめに15−2を計算させます。
15−2=13なので，13−□=5となります。
ここから先は，繰り下がりのある□を使った式と同じ求め方になります。

11 ながさくらべ

p.50〜53

標準クラス

1 (1)ア　(2)ア

2 アとエ
イとオ
ウとカ

3 (れい)はしを　そろえて，テープを　のばして　くらべる。

4 (1)6
(2)10
(3)17
(4)8

5 (上(うえ)から　じゅんに)
(1)1，2，3
(2)2，3，1

ハイクラス

1 (1)ウ→ア→イ→エ→オ
(2)10

2 (1)

(りゆうの　れい)まっすぐに　ならべていないから。

(2)

(りゆうの　れい)クレヨンが　はなれているから。

3 (しき)5+4=9
(こたえ)9 こぶん

4 (しき)8−6=2
(こたえ)アの　テープが　2本(ほん)ぶん　ながいです。

5 たてが　ながいです。
(れい)りゆうは　はがきを　おって，よこのながさを　たての　ながさに　かさねたら，たての　ほうが　ながいから。

指導のポイント

1 2つの長さを比べる問題です。
わからなければ 長さを比べるときは，端をそろえて比べます。そろっている場合は，たるんでいるかなどをもとに比べさせましょう。

2 同じ間隔でつけられた目盛りの数で長さを調べ，同じ長さのものを見つけさせます。
わからなければ それぞれの目盛りを指で押さえながら数え，何目盛りかを書き込ませます。その数値をもとに，同じ長さのものを見つけさせましょう。

3 長さ比べの方法を言葉で説明する問題です。
「端をそろえる」「ピンと伸ばす」という意味が含まれていれば正解です。

4 長さの違う単位をもとに測定したときの長さを考えさせます。
長さはいろいろな単位を用いて測れることを理解させます。
わからなければ (2)は(4)と同じ形をしていますが，単位となる長さが違うことを意識させましょう。

1 テープの長さがマス目の何個分かを調べたり，長さ比べをする問題です。
わからなければ マス目を1個ずつ正確に数えさせます。数え間違えないように，マス目に印をつけながら数えさせるとよいでしょう。

2 正しい長さ比べの方法の理解を深める問題です。正しくない理由を説明することで，正しく測る方法がよりしっかり理解できます。

3 4 長さについての文章題です。長さの文章題でも，「合わせた長さ」はたし算で，「長さの違い」はひき算で求められることを理解させましょう。
わからなければ 任意単位(筆箱や鉛筆)のいくつ分かに着目させましょう。

5 折って長さを比べる方法を言葉で説明する問題です。言葉で説明することで，長さを比べることの意味をよりはっきりと理解することができます。

12 かさくらべ

p.54～57

標準クラス

1 ジュースの　びん

2 (左から　じゅんに)2，3，1

3 (左から　じゅんに)2，3，1

4 (1)(上から　じゅんに)8，3，9
(2)やかん，5
(3)20

ハイクラス

1 (れい)・コップを　つかって，アと　イが　それぞれ　なんばいぶんに　なるか　しらべます。
・アか　イの　どちらかに　いっぱい　水を　入れて，あいて　いる　ほうの　水とうに　うつして　しらべます。

2 3ばいぶん

3 (1)13ばいぶん
(2)びんが　コップ　3ばいぶん　おおい。

4 9はいぶん

5 たりますに　○
(りゆうの　れい)おちゃは　あわせて，コップ　18はいぶん　あります。くばる　おちゃは　コップ　16はいぶんです。くばる　かさより　おおく　あるので，たります。

指導のポイント

標準クラス

1 直接比較の問題です。ジュースのびんに牛乳を全部入れてもまだ入るため，ジュースのびんのほうが多く入ると考えさせます。

2 入れ物が同じなので，水の高さの高い順に1，2，3となります。

3 入れ物の直径が違うのに同じ高さなので，入れ物の底面の広さが大きい順に1，2，3となります。
わからなければ 実際に身の回りのもので確かめながら実感させましょう。

4 任意単位(コップ)を使って，かさの比較をしたり，合わせたかさを表す問題です。
(2)では，コップの数の差を求めます。8－3＝5と計算で求められます。
(3)では，コップの数の合計を求めます。8＋3＋9＝20と計算で求められます。
任意単位で数値化することで，かさの和や差をより正確に表すことができ，計算で求めることができることに気づかせましょう。

ハイクラス

1 かさを比較するには直接比較と間接比較があります。解答例の他にも，
「別の2つの同じ容器に移して比べる」
「別の1つの容器に移してその高さで比べる」
という考えもあります。

2 かさについての文章題です。
わからなければ 実際に水を移させてみましょう。

3 **4** かさについての文章題です。任意単位(コップ)を使うことで，「合わせたかさ」はたし算で，「かさの違い」はひき算で，「残りのかさ」はひき算で求められることを理解させましょう。

5 用意したお茶がたりるかたりないかを判断させる問題です。かさの学習が日常生活に活用できることを実感させましょう。
わからなければ 「用意したお茶のかさの合計を求める→必要なお茶のかさを求める→どちらが多いか調べる→たりるかどうか判断させる」のように，手順を分けて考えさせましょう。

13 ひろさくらべ

p.58〜61

標準クラス

1 イ

2 (1)ウ→ア→エ→イ
(2)4

3 エ→イ→ウ→ア

4 1，3

ハイクラス

1 イが　ひろいです。
(りゆうの　れい)おなじ　大(おお)きさの　えを，アの　かべには　15まい，イの　かべには　16まい　はって　いるから。

2 エ→ア→イ→ウ

3 (1)さつきさん
(2)①たくみさん，5
②(れい)あと　4ます　ぜんぶ　ともこさんが　とっても　ともこさんは　12ますです。13ますの　たくみさんの　ほうが　ひろいので，かちます。

指導のポイント

1 広さを直接比べるときは，端をそろえて，重ねて比べます。アとイを直接重ねて比べているので，イのほうが広いということになります。
?わからなければ 実際に折り紙を比べて実感させましょう。

2 マス目を数えて広さを比べる問題です。マス目はすべて同じ大きさなので，マス目の数が多い図が，広いとわかります。アは9マス，イは5マス，ウは10マス，エは6マスなので，広い順にウ→ア→エ→イとなります。
?わからなければ それぞれのマス目を数えさせ，その数を書かせて比べさせましょう。

3 **4** 色板の数を数えて広さを比べる問題です。
3 のアは5マス，イは7マス，ウは6マス，エは8マスです。
4 の色板は，㋐が4枚，㋑が5枚，㋒が8枚です。
?わからなければ 数えもれや重複を防ぐために，印をつけながら板を数えさせましょう。

1 基準になる絵が何枚入るかで，壁の広さを比べる問題です。
?わからなければ 絵の枚数が単位となることに気づかせましょう。

2 何マス分かで広さを比べる問題です。
?わからなければ アとイとウの比較が難しいようなら，p.59 **4** のように□を◺2つに分けて，◺いくつ分かで調べさせてもよいでしょう。
アは◺8つ分，イは◺6つ分，ウは◺4つ分です。

3 広さ比べの学習をじんとり遊びに活用しています。マス目の数を数えさせましょう。
?わからなければ 実際にゲームをして，興味をもたせさせましょう。
(2)②のような勝負の行方を予想する考え方は重要です。

p.62〜63

1 (左(ひだり)から　じゅんに)
I, 3, 2, 4, 5

2 (1)オ
(2)イ
(3)カ

3 (左から　じゅんに)
2, I, 3

4 (左から　じゅんに)
I, 3, 2

指導のポイント

1 同じ太さのペットボトルに巻いているので，巻き数の多いほうがひもが長いということになると考えさせましょう。
同じ巻き数の場合は，残りのひもの長さで比べます。

わからなければ 実際にペットボトルにひもを巻きつけ，確かめさせましょう。

2 目盛りのついたテープについて，同じ長さのものを探します。
それぞれのテープの長さを数値化していき，同じ長さのものを見つけさせます。

わからなければ それぞれのテープが何目盛りか数え，テープの上に数値を書き込ませます。
その数値をもとに，設問に合う長さのテープを見つけさせましょう。
ア—8目盛り　イ—10目盛り　ウ—4目盛り
エ—12目盛り　オ—8目盛り　カ—6目盛り
(2)ウとカを合わせると，4+6=10　10目盛り
イと同じ長さになります。
(3)エの半分の長さは，紙に写し取り，半分に折らせると，6目盛りであることが理解しやすいでしょう。

3 それぞれがコップ何杯分かによって，多い順番を判断する問題です。左の入れ物から順に，コップ4杯分，コップ5杯分，コップ3杯と半分の水が入っています。
満杯になっていないコップがあることに注意しましょう。

4 単位となるものの広さを比べる，やや発展問題です。
㋐の4枚分と㋑の8枚分と㋒の6枚分が同じ広さになります。使った枚数が少ない順に1，2，3となります。

わからなければ ㋐，㋑，㋒を紙に写し取ったものを8枚ずつ用意します。
㋐を8枚，㋑を8枚，㋒を8枚並べたものの広さを比べさせると，理解しやすいでしょう。

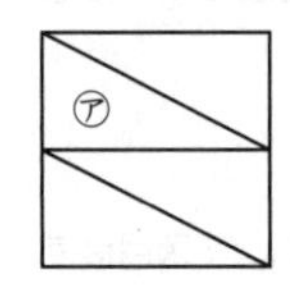

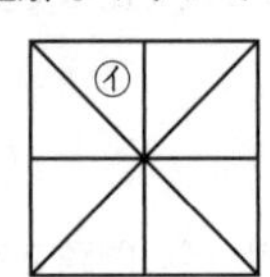

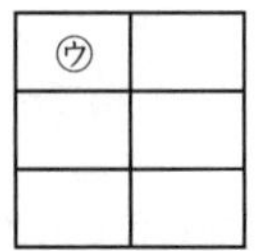

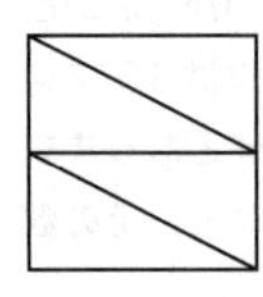

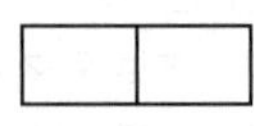

チャレンジテスト⑥

p.64〜65

1 とおりますに ○
(りゆうの れい)たなの はばよりも ドアの はばが ひろいから とおります。

2 ゆいさんが ひろい。
(りゆうの れい)かほさんが とったのは 7ますぶんだから，ゆいさんの ほうが ひろいです。

3 (左(ひだり)からじゅんに)
2，3，1，4

4 (1)コーヒーが コップ 2はいぶん おおい。
(2)12 はいぶん

5 3ばいぶん

指導のポイント

1 長さをテープに写し取って，長さを比較し，考察する問題です。ドアの入り口のほうが広い(幅が長い)とき，たなは通ることを理解させましょう。

?わからなければ 実際に身の回りのもので確かめながら，実感させましょう。

2 じんとりあそびの場面の文章題です。マス目は全部で 15 マスあること，かほさんは，15−8＝7で7マスとったことを読み取って，判断しなければなりません。

?わからなければ マスに色を塗らせてみましょう。色を塗ったマスの数を数えさせ，どちらが広いかを理解させましょう。

3 形状の違う入れ物のかさを比較する問題です。容器の高さや，底や口の部分の大きさで判断します。

?わからなければ 4つの物をいきなり比べるのが難しければ，2つずつ比べさせましょう。
まず，㋐と㋒，次に㋐と㋑，最後に㋑と㋓を比べさせると，順序よく考えられます。

4 かさについての文章題です。コップ何杯分で数値化されているので，計算で求めることができます。
(1)「かさの違い」はひき算で求めます。コーヒーはコップ7杯分，牛乳はコップ5杯分あるので，7−5＝2(杯分)コーヒーのほうが多いです。
(2)「合わせたかさ」はたし算で求められます。コーヒーと牛乳を合わせるので，コーヒー牛乳は，7+5＝12(杯分)できます。

?わからなければ コップの図をかいて考えさせましょう。

5 かさについての文章題です。

?わからなければ 今日3杯分飲んだから，
残りは 10−3＝7(杯分)，
明日はコップ4杯分飲むから，
残りは 7−4＝3(杯分)
と，順を追って説明しましょう。

14 いろいろな　かたち

p.66〜69

標準クラス

1 (1)エ，ケ
(2)イ，オ，キ
(3)ア，カ，ク
(4)ウ，コ

2 (1)3，3
(2)(れい)

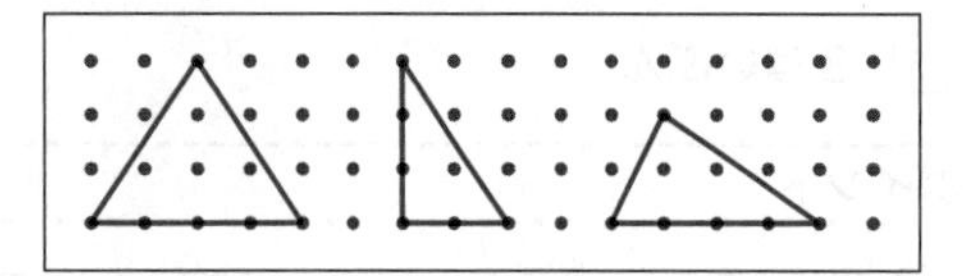

3 (1)4，4
(2)(れい)

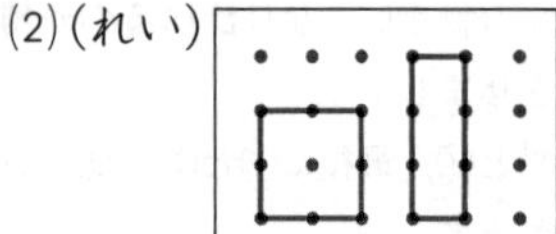

ハイクラス

1 (1)5つ
(2)6つ
(3)4つ

2 (れい)せんが　まがって　いる　ところが　あるから。

3 ながしかくに　○
(りゆうの　れい)たてと　よこの　ながさが　ちがって　いるから。

4 (れい)

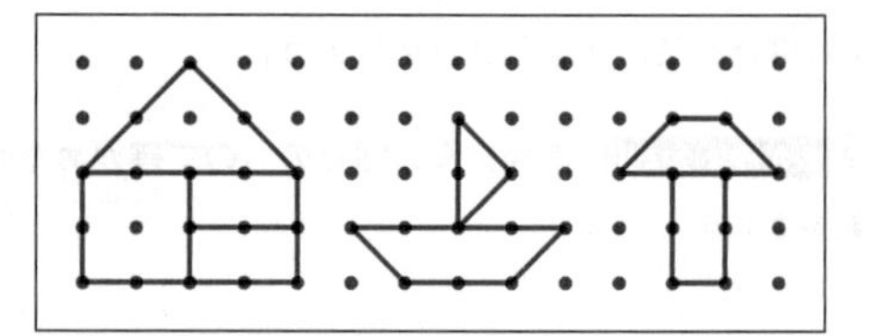

指導のポイント

1 いろいろな平面図形を「ましかく」「ながしかく」「さんかく」「まる」に仲間分けします。三角形・四角形という用語を使う必要はありません。
?わからなければ 「ましかく」と「ながしかく」の違いは辺の長さに関係しています。テープやひもに長さを写し取って長さを比べるとわかりやすいでしょう。

2 **3** 「さんかく」と「しかく」の特徴をまとめます。
?わからなければ 「さんかく」は3つの点を直線で結んだ形，「ましかく」は4つの等間隔の点を直線で結んだ形，「ながしかく」は2組の等間隔の点を直線で結んだ形であることを理解させましょう。

1 「まる」「さんかく」「しかく」に仲間分けする問題です。
?わからなければ 向きや大きさに惑わされず，形の特徴に着目させましょう。数えたものに印をつけると，重複や数え忘れを防げます。

2 図形の辺の部分に着目させます。「さんかく」は3本の直線(まっすぐな線)で囲まれた形です。

3 紙を折って，長さを比べています(直接比較)。縦と横の長さが違う「しかく」は「ながしかく」です。
?わからなければ 単元「11. ながさくらべ」を復習させましょう。

4 図をよく見て，点と点を線で結んで同じ図形を作図させる問題です。
向きの違うものは，間違いとします。問題の図をよく確認し，同じ図がかけるように指導しましょう。

15 かたちづくり

p.70〜73

標準クラス

1 (1)(れい)

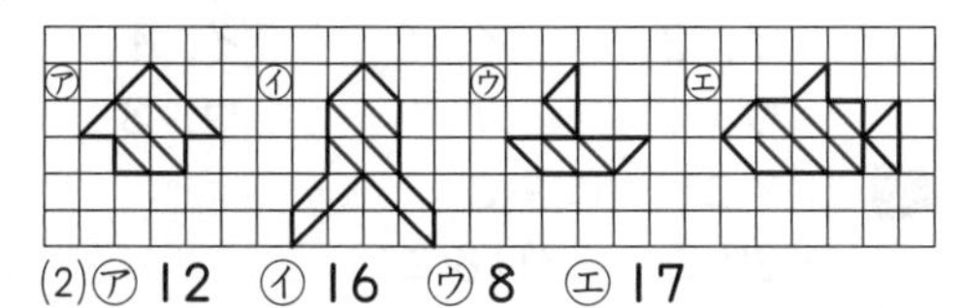

(2)㋐ 12　㋑ 16　㋒ 8　㋓ 17

2 (1) 11

(2) 10

(3) 9

3 (1) 3

(2) 6

4 (1) 2

(2) 2

(3) 3

ハイクラス

1 (1) 2 まい

(2) 8 まい

(3) 12 まい

2 (1)(　) (○)

(2)(　) (○)

3 (1) 3

(2) 1

(3) 3

4 (1)

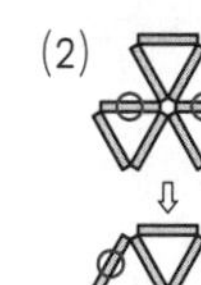

(2)

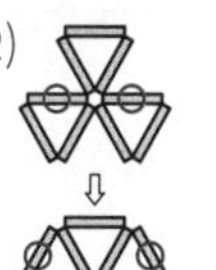

(3)

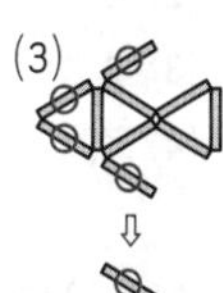

5 (れい)

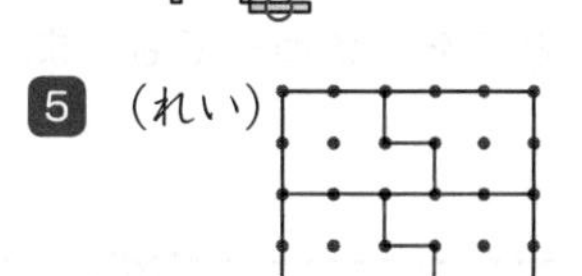

指導のポイント

1 1つのマスの中に2枚の三角形の色板が入ります。1つのマスを2として数えるとわかりやすいでしょう。

?わからなければ マスの中に対角線を1本だけ引き，1枚ずつ指で確認しながら数えるとよいでしょう。
また，数えたものには印をつけると，重複を防げます。

2 図形の辺の部分に着目させる問題です。

?わからなければ 1本ずつ印をつけながら数えるとよいでしょう。

3 色板の形づくりの応用問題です。

?わからなければ 実際に色板を操作させながら考えさせましょう。

4 紙を重ねて切ってできる形を考える問題です。

?わからなければ 重ねているので，広げると同じ形が現れます。かき加えて考えさせましょう。

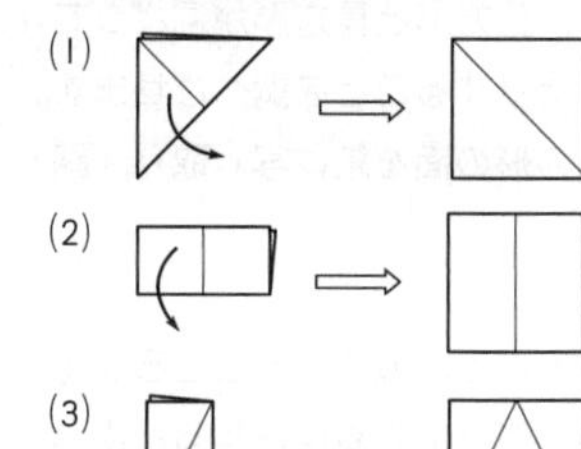

1 p.70 **1** の類題です。1つのマスを2として，2とびで数えてもよいでしょう。
(3)□が6つだから「2，4，6，8，10，12」と数えてもよいでしょう。

2 紙を重ねて切っているので，広げると同じ形が現れます。

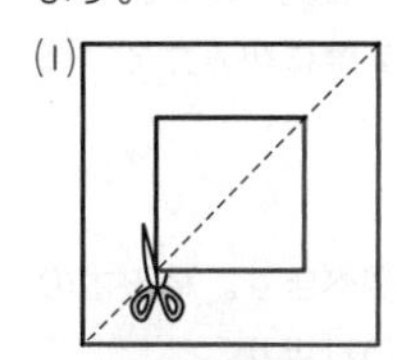

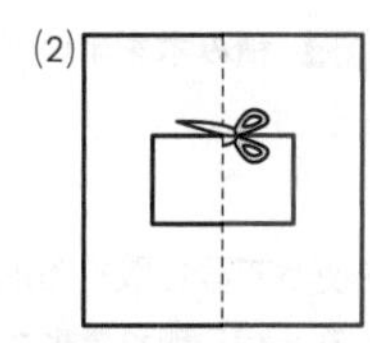

?わからなければ 紙とはさみを用意して，実際にやらせてみましょう。

3 **4** 図を見比べ，変化した部分を見つけます。

?わからなければ 実際に色板や数え棒などで操作させながら考えるとわかりやすいでしょう。

5 4枚の㋐の形をどのように組み合わせると㋑になるか考える問題です。とび出ている部分とへこんでいる部分をどのように合わせるかがポイントです。

?わからなければ 実際に㋐を紙に写して4枚用意し，組み合わせてみましょう。

16 つみ木と　かたち

p.74〜77

標準クラス

1 (1)オ，ク　(2)ウ，カ
(3)イ，キ　(4)ア，エ

2 (1)1　(2)1
(3)3　(4)1

3 (1)イ
(2)エ
(3)ウ
(4)ア，イ

4 (れい)つつの　かたちは　まるい　ところと　たいらな　ところが　あります。ボールの　かたちは　どこを　さわっても　まるいです。

ハイクラス

1 (1)ア，1　イ，2　ウ，1
(2)ア，4　イ，2
(3)ア，1　イ，1　ウ，3

2 (1)9こ　(2)9こ
(3)27こ　(4)18こ

3 (1)6　(2)2
2
2

4 (1)(れい)はこの　かたちは　どこも　たいらです。つつの　かたちは　たいらな　ところと　まるい　ところが　あります。
(2)(れい)・どちらも　たいらな　ところが　あって，つみあげる　ことが　できます。
・よこから　見ると　ながしかくに　見えます。

指導のポイント

標準クラス

1 日常生活に見られる箱や缶などを立方体，直方体，円柱，球などの形に分類する問題です。
わからなければ 立体をよく観察させ，同じ仲間に分類させましょう。日常生活に見られる他の箱や缶も見つけさせ，立体に対する知識を豊かにさせましょう。

2 4種類の立体の積み木でつくられた動物が，それぞれの積み木いくつでつくられているかを調べます。
わからなければ 積み木を用いて，実際に組み立てて調べさせましょう。

3 積み木を使って写し取れる形を調べます。積み木の置き方を変えると写し取れる形も変わります。
わからなければ 積み木を用いて，実際に写し取って調べさせましょう。

4 筒の形とボールの形の違いを記述する問題です。似ているところも考えさせるとよいでしょう。
わからなければ 実際に積み木を観察させましょう。

ハイクラス

1 円柱，直方体，三角柱でつくられた形がそれぞれの積み木いくつでつくられているか調べる問題です。
わからなければ 見えにくい部分は予想し，実際に積み木を使って組み立てて，予想と比較させましょう。

2 見えない部分が多くある形を，積み木が何個でつくられているかを考えさせます。立方体の積み木がどのように並んでいるかイメージさせてから，問題の解決に当たらせましょう。
わからなければ まず，何個でつくられているか予想を立てさせます。次に，実際に立方体の積み木で組み立て，その数を調べさせます。それと同時に予想と比較させます。

3 箱の形の積み木が，どのような面でつくられているのかを調べます。同じように見える箱の形の積み木でも，面が正方形だけであったり，正方形と長方形が混ざっていたり，長方形だけであったりすることを調べさせます。
わからなければ それぞれの形の面を紙に写し取り，調べさせましょう。

4 箱の形と筒の形の違うところ，似ているところを記述する問題です。形状の他，特性にも着目させるとよいでしょう。

17 とけい

p.78〜81

標準クラス

1 (1)8 じ
(2)5 じ
(3)1 じはん(1 じ 30 ぷん)
(4)7 じ 20 ぷん
(5)11 じ 8 ふん
(6)2 じ 52 ふん

2 (1)

(2)
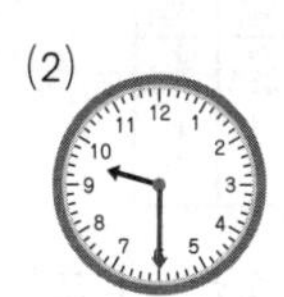

(3)
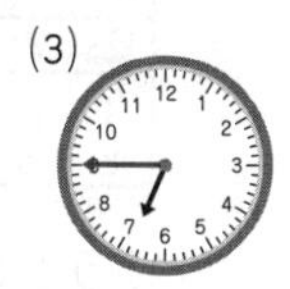

3 (1)9, 10
(2)イ, ア

4 (1) →

(2)ウ

ハイクラス

1 (1)

(2)
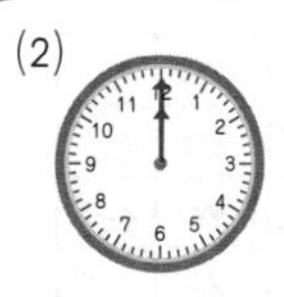

(3)
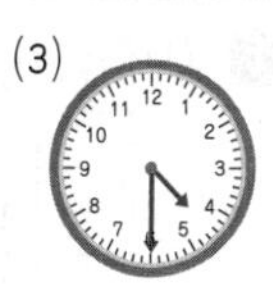

(4)
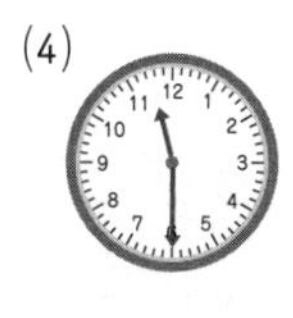

(5)
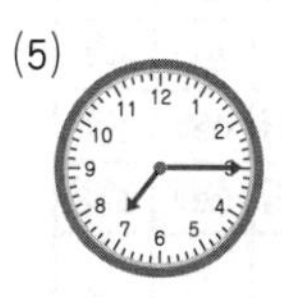

(6)
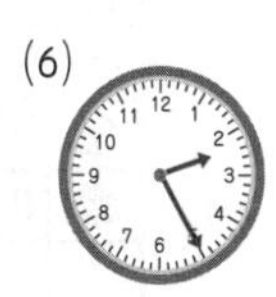

2 (1)9 じ
(2)11 じ
(3)2 かい

3 (1)① 7 じ 45 ふん
② 7 じ 58 ふん
③ 12 じはん(12 じ 30 ぷん)
④ 2 じ 6 ぷん
(2)イ
(3)あとに ○

指導のポイント

標準クラス

1 時計の見方について学習します。
ここでは正確に時刻を読み取る練習をさせます。長針，短針の区別をすることが大切です。
わからなければ 短針が数字の間にあるときは，手前の数字(1 と 2 の間なら 1，7 と 8 の間なら 7)を読みます。

2 指定された時刻の長針をかかせる問題です。
わからなければ 時計を使って確かめさせましょう。

3 「何時の少し前」や「何時を少し過ぎた」時計を理解させましょう。
わからなければ 時計を使って，針の動きをみて確かめましょう。
「前」「過ぎ」については，いろいろな時刻の場合で見せ，理解させましょう。

4 時間に関する文章題です。
わからなければ 実際に時計を動かして調べさせましょう。

ハイクラス

1 図にかき加えるには，問題に示された時刻から，長針と短針がどの位置を指すのかを判断できなければなりません。
わからなければ 長針からは「分」を，短針からは「時」を読み取ることができていることを実際の時計を使って説明し，確認するとよいでしょう。

2 時計を見て考える時間の文章題です。
わからなければ 実際の時計を見て，時計が 9 時から 11 時まで動いたとき，長針が何回まわっているかを考えさせましょう。

3 時間の経過を考える問題です。
時間の経過をとらえるのはとても難しいので，時計を見ながら指導することが大切です。
わからなければ 時間の経過を考える場合，はじめの時刻と終わりの時刻からだけでは，判断できないことがあります。このような場合，時計を用いて実際に動かし，時間の経過を確認しながら理解させることが大切です。

18 せいりの　しかた

p.82〜85

標準クラス

1 (1)

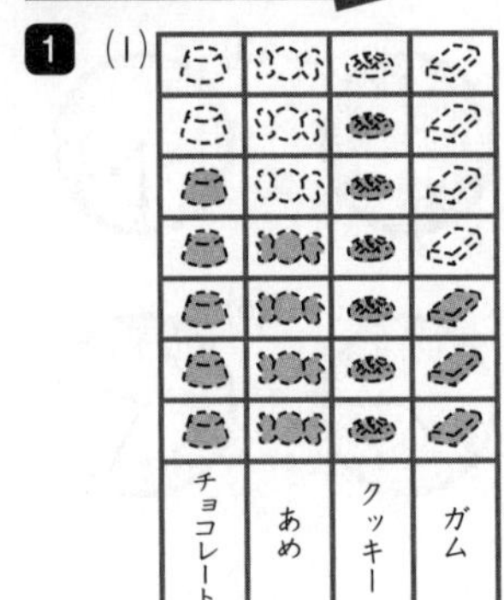

(2)クッキー，6

(3)あめ

(4)2

2 (1)

(2)あや　(3)ちか

(4)24

(5)(れい)・いちばん　おおく　さいたのは　ゆみさんです。

・ちかさんは　ゆみさんより　1こ　すくないです。

ハイクラス

1 (1)2

(2)

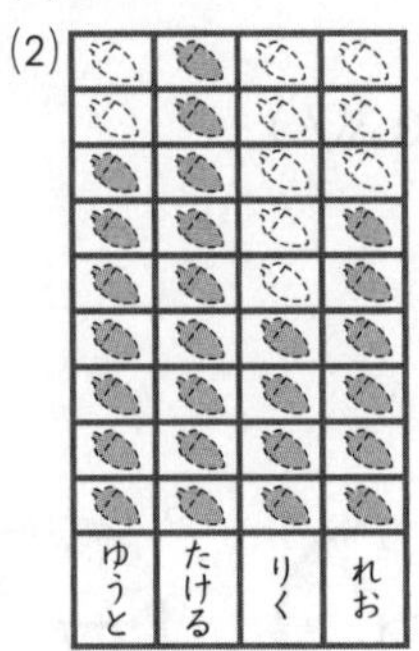

(3)ゆうとさんが　1こ　おおい。

2 (1)7人

(2)なつ

(3)ふゆ

(4)2人

(5)23人

指導のポイント

1 4種類のお菓子の数を整理する問題です。色を塗るときは，下から順に塗らせます。

塗ったあと，絵の数と合っているか確認させましょう。

?わからなければ 色を塗った高さで，多い少ないがわかることを理解させましょう。

2 植木鉢の絵とグラフを照らし合わせて考える問題です。

(1)では，グラフからゆみさんの花は8個と読み取ってから，花が8個咲いている植木鉢を選びます。他の3人についてもどの植木鉢か考えさせましょう。

1 日記文とグラフを照らし合わせて考える問題です。

?わからなければ

(1)グラフで，ゆうとさんとたけるさんのどんぐりの数の違いを読み取らせましょう。

(2)日記文で，「ゆうとさんはりくさんより3個多い」に着目させ，りくさんのグラフは，ゆうとさんより3個少なくなるように塗らせましょう。

次に，4人のどんぐりの合計は26個であることから，れおさんの数がいくつになるか考えさせましょう。

2 この問題では，シール●の数を人数に置き換えて考えさせます。

?わからなければ ●1個が1人を表すことを理解させましょう。

p.86~87

1 (1)① 4，5，8，12
② 3，9
③ 1，6
④ 2，10

(2) 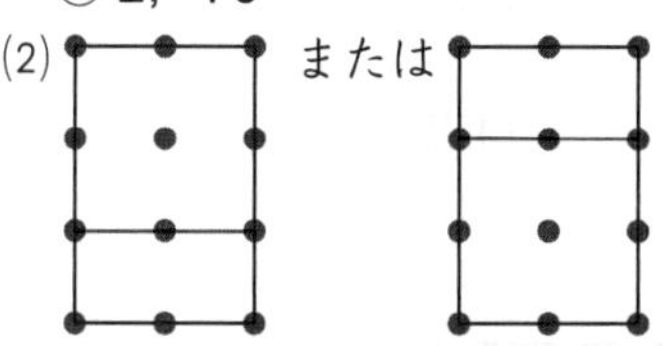 または

2 (1) 

(2) 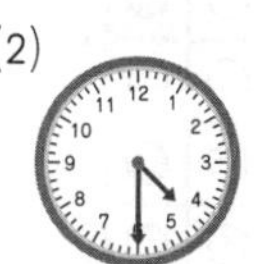

(3)

(4) 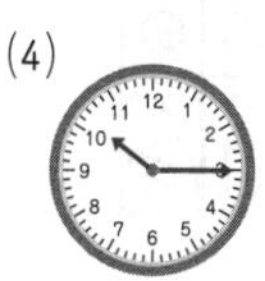

3 (1)(ならべかた)4，3
(しき)4+4+4=12
(こたえ)12こ

(2)(れい)
・(ならべかた)3こずつ　2だんと　その　うえに　1こ　つみました。
(しき)3+3+1=7
(こたえ)7こ

・(ならべかた)2こと　3こと　2こをならべました。
(しき)2+3+2=7
(こたえ)7こ

指導のポイント

1 「まる」「さんかく」「ましかく」「ながしかく」に仲間分けする問題です。どれにもあてはまらない図形もあります。
余裕があれば，(2)の図を使って，「さんかくを 2 つつくりましょう。」や「ましかく 1 つと，さんかく 2 つをつくりましょう。」など，類題を出したり，他にどんな形に分けられるか自分で考えさせましょう。
わからなければ 7 と 11 の図形の角に，定規のかどを当てて，「ましかく」にも「ながしかく」にもあてはまらないことに気づかせましょう。

2 長針と短針を区別してかくようにします。
短針が 1 つの数字から次の数字に動く間に，長針は 1 回転するので，先に「何時」かを考えた上で，長針をかきます。短針は，「半(30 分)」ならば数字と次の数字のまん中，「15 分」ならば 30 分の半分というように，その位置を考えるようにします。
短針の位置は，おおよその位置にかかれていれば正解としましょう。
わからなければ 長針と短針を区別してかくため，実際に時計を使って，針を動かしてみるとかきやすくなります。

3 立方体の積み木が，どのように何個並んでできているかを式に表す問題です。
(1)は，4 個ずつ 3 段並べたと考えると，式は
4+4+4 となります。
3 個ずつ 4 列並べたと考えると，式は
3+3+3+3 となります。
(2)は，積み木を 3 個ずつ，2 段並べたあと，1 個積むと考えたり，縦に 2 個，3 個，2 個と並べると考えたりすることができます。
わからなければ 実際に積み木を並べて考えさせましょう。また，どのように並べたのか，言葉で説明させることも大切です。

チャレンジテスト⑧

p.88〜89

1 (1)11 じ 37 ふん
(2)6 じ 4 ぷん
(3)2 じ 16 ぷん
(4)3 じ 51 ぷん
(5)8 じ 58 ぷん
(6)6 じ 24 ぷん

2 (1)(　)　(2)(○)
(○)　(　)

3

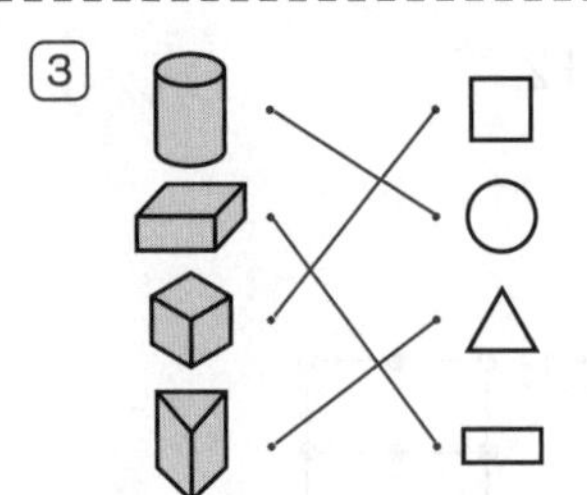

4 (1)

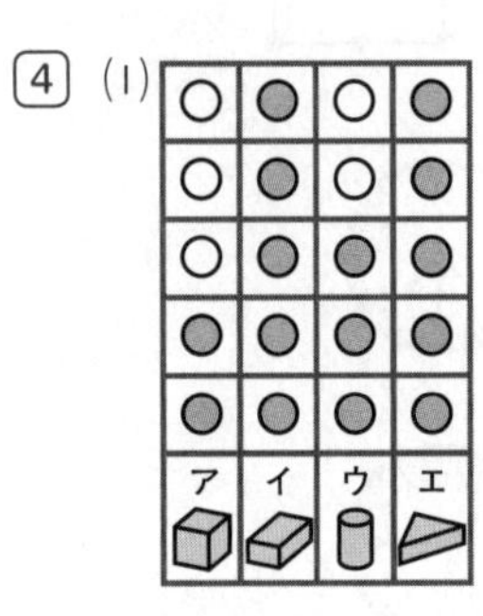

(2)ア
(3)12 こ

指導のポイント

1 1分単位で時刻を読みます。文字盤の前の数字から次の数字までは5目盛りあり，長針が1つの数字から次の数字まで動くと5分になることを理解して読むようにします。

わからなければ 時計で5分ごとの時刻(○時5分，○時20分など)を読ませ，そのあと1分ずつ時間を進めて読ませます。

2 「何時前」「何時過ぎ」の時計を判断します。1分単位の目盛りがない時計でも，時計の長針の位置で「何時前」「何時過ぎ」が判断できることに気づかせましょう。

わからなければ 実際に時計の針を動かして調べさせましょう。

3 立体を紙に写し取った形を考える問題です。それぞれの面の形に着目して，写し取った形を考えさせます。

わからなければ 実際に積み木を写し取らせて，考えさせましょう。

4 4種類の積み木を整理する問題です。単元「16. つみ木と　かたち」と「18. せいりの　しかた」を融合した応用問題です。
(1)では，形に着目し，同じ種類のものをまとめます。積み木1個を○1つに置き換えて，下から順に色を塗らせていきましょう。
(3)では，「触るとどこも平らな形の積み木」は**ア**と**イ**と**エ**です。
アの2個と**イ**の5個と**エ**の5個を合わせた数を求めさせます。
問題の絵から判断するより，整理した図から判断するほうがわかりやすいことに気づかせましょう。

そうしあげテスト①

p.90〜91

1 (1)4
(2)2

2 (1)2
(2)4
(3)7
(4)9

3 23，33，43，53，63

4 (1)9人(にん)
(2)8人

5 (しき)12−9=3
(こたえ)女(おんな)の子(こ)が 3人 おおいです。

6 (しき)8+9=17
(こたえ)17まい

7 (1)6じ15ふん
(2)3じはん(3じ30ぷん)
(3)8じ8ぷん

8 (1)8まい
(2)8まい
(3)7まい

指導のポイント

1 2つの数の差を求める問題です。

?わからなければ 数を○に置き換えて考えさせます。

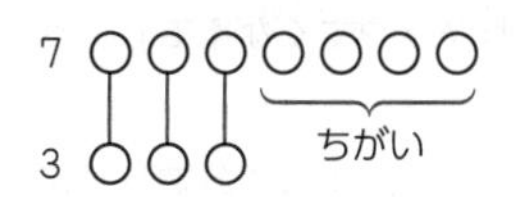

2 10の補数を答える問題です。
見ただけで答えが言えるよう，何度も練習して覚えさせましょう。

?わからなければ ○を10個かいて，問題の数字の位置に線を入れて考えさせましょう。

○○○○○○○○|○○

3 100までの数の大小を比べる問題です。

?わからなければ 一の位がすべて3なので，十の位のみを比べさせましょう。
十の位が大きいほうが数は大きいことになります。

4 図を使って考えさせます。

?わからなければ 問題文の条件に合わせて，○に色を塗り，数えさせましょう。
あみさんの位置は，

○○○○●○○○○○○○○○○

あみさん

たかとさんの位置は，

○○○○○○○○●○○○○○○

たかとさん

5 ひき算の文章題です。

?わからなければ 問題文をよく読み，何算になるかをしっかりと考えて計算させましょう。

6 「あげる」ことから，ひき算と考えがちですが，はじめの数を求めることから，たし算の文章題です。
図をかいて問題の場面を理解させるなど，問題の構造に注意して取り組ませます。

?わからなければ 下のような表をもとに，数値をあてはめて考えさせたり，線分図をかかせたりすると，わかりやすいでしょう。

はじめにもっていたまいすう	
あげたまいすう(8まい)	いまもっているまいすう(9まい)

または，次のような線分図をかきましょう。

はじめにもっていたまいすう
あげたまいすう(8まい) いまもっているまいすう(9まい)

7 分単位で時刻を読む問題です。

?わからなければ 5分単位の時刻「○時5分」，「○時35分」などから，1分ずつ加えて数えながら読ませましょう。

8 基準とする色板の枚数を考える問題です。

?わからなければ 図の中に線を入れて考えさせると，わかりやすいでしょう。

そうしあげテスト②

p.92〜93

1 (1)8
(2)9
(3)47
(4)90，100
(5)95，85

2 (しき)14−9=5
(こたえ)5 だい

3 (しき)50+30=80
(こたえ)80 円(えん)

4 (しき)12+3=15
(こたえ)15 人(にん)

5 (1)ア，オ
(2)ウ，エ，キ，ク
(3)イ，カ

6 (1)(しき)30+20=50
(こたえ)50 人
(2)(しき)30−20=10
(こたえ)女(おんな)の子(こ)が 10 人 すくないです。

指導のポイント

1 100までの数の構成や，きまりにしたがって数の並び方を考えさせます。
わからなければ (3)は，十の位が 4，一の位が 7 です。
(4)(5)は，見えている数で，そのきまりを予想させます。
(4)は 10 ずつ増えています。
60 − 70 − 80 −(90)−(100)
(5)は，5 ずつ減っています。
100 −(95)− 90 −(85)− 80

2 1 人に 1 台ずつという言葉に着目し，子どもの人数を一輪車の台数に置き換えて計算する問題です。
わからなければ 図をかいて，一対一対応で考えさせるとわかりやすいでしょう。

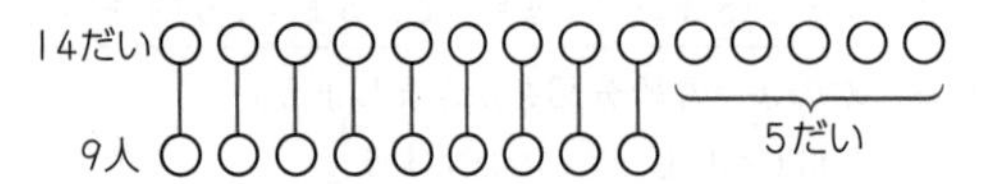

3 (何十)+(何十)の文章題です。問題文をよく読み，何算かをしっかり考えさせた上で計算させましょう。
わからなければ 何十を 10 のまとまりとして計算させます。

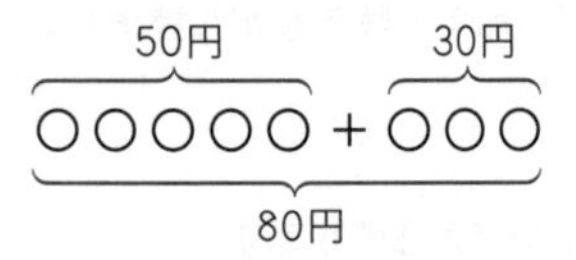

4 子ども 1 人に 1 個ずつ配るので，ケーキの個数を，子どもの人数に変換して計算させることになります。
わからなければ 図などを用いて，ケーキと子どもを対応させながら考えさせると，わかりやすくなるでしょう。

5 身の回りにある箱や筒などを図形化して分類させます。
同じように見える箱でも，面の形が正方形だけであったり，正方形と長方形が混ざっていたり，長方形だけであったりすることに注意して調べさせます。
わからなければ 日常生活に見られる実際の箱を観察して実感させましょう。

6 1 つの場面でたし算とひき算の両方を考えさせる問題です。
わからなければ 問題の場面を図などに表すと様子がわかりやすいでしょう。

(1)は，たし算になります。
(2)は，ひき算になります。

そうしあげテスト③

p.94～96

1 11ばん目

2 (1)(上から)3，2，1
(2)(左から)2，1，3

3 (1)8　(2)18

4 (1)20，40　(2)60，80
(3)100，90　(4)95，75

5 (しき)80−10−30=40
(こたえ)40さい

6

		11		
		2		
16	7	9	6	15
		8		
		17		

		5		
		7		
4	8	12	6	6
		9		
		3		

7 (1)

まえ　うしろ

(2)3人
(3)3くみ

8 (しき)60−40=20
(こたえ)はなさんが　20まい　おおいです。

9 (しき)12+6−9=9
(こたえ)9人

指導のポイント

1 順序数と人数の文章題です。

わからなければ ○などを使って図に表して考えるとわかりやすいでしょう。

2 (1)長さを比べるには，まっすぐに伸ばして，端をそろえることを理解させます。また，まがっている状態のひもとまっすぐなひもの端がそろっている場合は，まがっているひものほうが長くなることを理解させましょう。

(2)立方体の積み木の数を比べるには，見えない位置に置かれている積み木を考えることが大切です。

わからなければ 積み木を実際に組んでその数を比べさせるとよいでしょう。

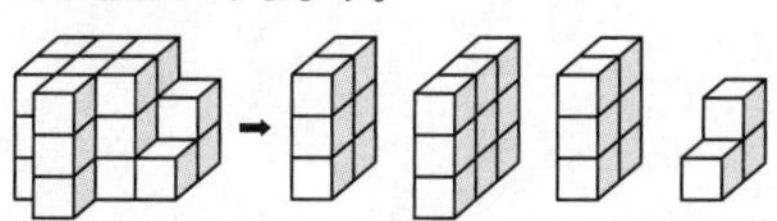

3 線分図で□にあてはまる数を求める問題です。(部分)=(全体)−(部分)，(全体)=(部分)+(部分)で求められます。

4 きまりにしたがって数えます。10とびや20とび，そして逆5とびや10とびなど，示されている数字から□に入る数を判断させます。

わからなければ (3)はきまりにしたがって小さくなっていきます。このように，まずは大きくなるのか小さくなるのかを判断させてから，考えさせましょう。小さくなるという考え方が困難な場合は，逆に見させて大きくなるほうへと調べさせてもよいでしょう。

5 少し複雑な文章問題です。

わからなければ ゆっくりと読みながら式をつくらせましょう。式ができたら左から1つずつ計算させましょう。

6 真ん中の数と周りの数をたしたり，ひいたりします。

7 間を数えるときには，まさるさんとちえさんは数に含みません。

わからなければ 実際に図の中に名前やクラスを書き込みながら数えさせるとよいでしょう。

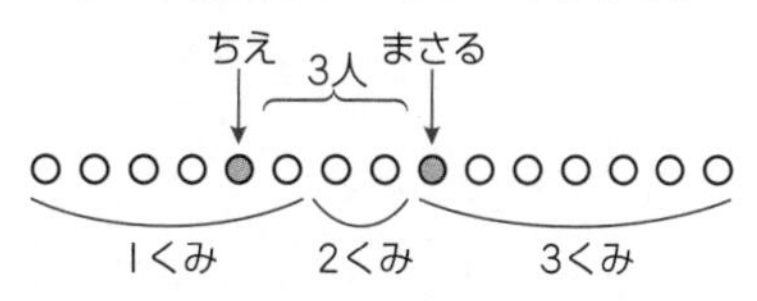

8 たし算とひき算のどちらになるかを考えさせる問題です。

わからなければ 10枚を単位として，問題どおりに図をかいて考えさせましょう。

9 最後に乗っている人から逆に，はじめに乗っていた人の人数を考えます。
降りた人は，最後に乗っている人に加えます。

わからなければ 最後から逆に考えると，乗った人はひき算になることを理解させましょう。